프로마제가
알려주는
치즈를 맛있게
즐기는 방법

Bien connaître les fromages du monde

Fabien DEGOULET

세계 최우수 프로마제

파 비 앙   드 구 레

감수 Rumiko Honma

번역 고정아

GREENCOOK

CHAPTER **4**

최고의 맛, 치즈 레시피

치즈, 한층 더 맛있게 먹는 방법

카망베르 상자에서 태어나 시장에서 자란 나.
프로마제(치즈전문가) 파비앙 드구레입니다.
프랑스 르망 출신으로, 본가는 조부모님 대부터 치즈가게를 운영해 왔습니다.
어려서부터 아침 일찍 시장에 나가 일하시는 부모님을 도와 가게 일을 하곤 했지만,
나는 부모님과 같은 길을 걸어갈 생각은 없었습니다.
그런데 우연한 만남을 통해 일본으로 건너오면서 치즈가게에서 일하게 되었습니다.

치즈에 대해서는 웬만큼 알고 있다고 생각했는데,
전문가로 불리려면 배워야 할 게 많았고,
더불어 일본어도 습득해야 했기에 하루하루가 필사적이었습니다.
힘들기는 했지만, 고생이라고는 생각하지 않았습니다.
언어, 문화, 미각, 만남, 이 모든 새로운 경험에 호기심이 가득한 매일이었고,
무엇보다 내게 이토록이나 치즈에 대한 열정이 있었나를 깨닫는 계기가 되었습니다.
치즈가게를 운영하는 집을 떠나 머나먼 이국땅에서 치즈전문가로 일을 하다니
왠지 신기하면서도 운명이었나 싶기도 합니다.
치즈의 세계는 알면 알수록 깊이가 있는 그야말로 무한대입니다.
아마 평생을 탐구해도 끝나지 않을 것입니다.

「가장 좋아하는 치즈가 뭐예요?」라는 질문을 많이 받습니다.
「치즈에 둘러싸여 일을 하다 보면 집에선 잘 안 먹게 되지 않나요?」라는 얘기도 종종 듣습니다.
그런 질문을 받으면 뭐라고 대답해야 좋을지 모르겠습니다.
좋아하는 치즈는 많고, 계절이나 그때그때 상황에 따라 먹고 싶은 치즈가 달라
어느 하나를 딱 꼬집어서 말할 수는 없으니 말입니다.
냉장고에는 항상 여러 종류의 치즈가 채워져 있으며, 내가 먹어주기를 기다리고 있습니다.
「어떻게 해서 먹나요?」, 「이 치즈에는 어떤 술이 잘 어울릴까요?」, 「요리에 쓸 수 있나요?」
이런 질문이라면 대환영!
그래서 나는 이 책을 통해 치즈의 매력, 그리고 한층 더 맛있게 먹는 방법을 소개하고자 합니다.

파비앙 드구레

프로마제의
역할

치즈에 정통한 전문가 프로마제.

물론 그것이 이상적이지만, 정통하다는 말은 주제넘은 소리 같아 나는 잘 못하겠다.

치즈는 그 생산지의 기후 풍토와 역사, 가축이 주는 은혜, 발효라는 신기한 작용, 생산자의 노고와 시간 등이

결집되어 만들어지기 때문에, 알아야 할 게 한도 끝도 없다.

그리고 손님이 맛있게 드실 수 있도록 하는 것도 프로마제라는 직업의 사명이다.

나는
치즈가게 아들

Moi, fils decrémier-fromager

내 고향은 프랑스 사르트 주의 주도 르망이다. 바로 매년 6월에 개최하는 세계적으로 유명한 「르망 24시간 레이스」의 개최지이다. 인구 15만 명이 채 안 되는 작은 도시이지만, 레이스 기간에는 두 배 정도의 많은 사람들이 모여들어 북새통을 이룬다. 경기장에서 들려오는 「부웅―」하는 소리에 어린 나는 두근두근 설렜다. 당시에는 마쓰다가 강세였는데 어쩌면 그것 역시 내가 일본에 흥미를 갖게 된 하나의 계기가 되었는지도 모르겠다.

조부모님은 치즈가게를, 외조부모님은 과일과 모종을 파는 가게를 운영했고, 부모님은 시장에서 만나 결혼하여 치즈가게를 이어나갔다. 그리고 내게는 다섯 살 많은 형이 하나 있다.

시장은 화요일부터 일요일까지 열리고 월요일에 쉬었다. 요일에 따라 장이 서는 장소가 바뀐다. 부모님은 이른 새벽부터 준비하여 치즈를 실은 판매용 트럭을 몰고 나가 아침 8시부터 오후 1시까지 장사를 하신다. 집으로 돌아와 늦은 점심을 드시고는 트럭의 물건들을 대형 냉장고에 다시 집어넣는 등의 정리작업을 저녁까지 하셨다.

우리 형제는 어려서부터 둘이 집에 남아 있는 경우가 많았는데 그 시절에는 휴대전화가 없었기에 때때로 부모님이 신경써서 공중전화로 전화를 걸곤 하셨다. 우리가 부모님께 전할 말이 있을 때는 시장에 있는 레스토랑이나 바에 전화해서 전달을 부탁하곤 했다.

백화점이 쉬는 일요일에는 시장이 대목이라 아버지는 오전 5시에, 어머니는 8시에 집을 나서신다. 나는 어머니가 나가실 때쯤 일어나 스스로 아침을 차려 먹고, TV 애니메이션을 보거나 숙제를 했으며, 설거지와 청소도 했다. 오후에 부모님이 집으로 돌아오시면 식탁 세팅을 돕고 형과 함께 샐러드를 만들어 부모님이 시장에서 사오신 고기를 천천히 즐기면서 먹었다.

여름방학 동안 목요일이면 아버지를 따라 차를 타고 남쪽으로 약 1시간 거리에 위치한 르

르망에 있는 장엄한 생 쥘리앵 대성당 앞 자코뱅 광장에 열린 시장. 역사적 건축물이 많이 남아 있는 구시가지는 산책하기에도 좋다.

뤼드 마을에 서는 시장에 갔다. 여름철에는 치즈 매출이 줄고 과일이 잘 팔렸으므로 나는 이웃 채소가게의 일을 자주 도왔다. 수, 금, 일요일에는 르망의 중심부인 구시가지에 있는 대성당 앞에 시장이 섰다. 이곳은 프랑스 각지에서 열리는 시장 중에서도 특히나 아름다운 시장의 하나라고 생각한다. 화요일과 토요일에는 르망의 다른 장소에서 장사를 했다.

겨울철은 성수기(일본에서 치즈 관련 일을 시작하면서 배운 단어)다. 특히 12월 22~24일 크리스마스 시즌이 되면 너무 바빠서 나는 계산대를 담당했다. 지금은 전자계산기가 있어 편리하지만, 당시에는 암산으로 해야 했고 계산이 엄청 빨랐던 것으로 기억한다.

단골손님이 많았는데 친근하게 말을 걸어주곤 했다. 참고로 부모님은 나를 「바양」이라고 부른다. 어린 내가 이름을 말할 때 파비앙이라는 발음을 못하고 바양이라고 했기 때문이다. 이름 얘기가 나온 김에 한 마디 더 하자면 「드구레」라는 성은 매우 드문 성으로 친척 빼고는 같은 성을 가진 사람을 만나 본 적이 없다. 정확한 발음은 두글레에 가깝지만, 일본에서 부르기 어려울 것 같아 드구레로 통하고 있다.

지금도 고향에 돌아가면 시장에 가서 이웃들에게 인사를 드리는데, 마치 제집에 돌아온 것 같은 기분이 든다. 아는 사람들이 여기저기 계셔서 예전처럼 인사하면 반갑게 맞아준다. 역시 나는 치즈가게 아들이자 시장의 아들이다.

그런데 내가 고등학생이 되었을 무렵, 세상에 슈퍼마켓이 등장하면서 시장 장사가 어려워졌다. 은행에서 채무와 관련한 연락이 오거나 부모님이 정치가 험담을 하거나 불평하는 모습을 직접 보면서 치즈가게를 이어받아 운영할 생각은 하지 않았다. 형도 마찬가지로 그는 지금 파리 교외에서 전자책 영업을 하고 있다. 나는 용돈을 타지 않고 가을, 겨울철이면 주말에 시장 채소

왼쪽_ 약 20년 전의 부모님. 아버지 장-이브(Jean-Yves)와 어머니 지젤(Gisele). 현재는 일을 그만두셨다.
오른쪽_ 전체길이 약 5m. 가게 한 채가 통째로 이동한 듯한 판매전용 트럭.

가게와 버섯가게에서 아르바이트를 했다. 한겨울 이른 아침부터 몇 시간씩 계속 서서 축축한 버섯을 손으로 만지는 일은 정말 힘들었다. 일본처럼 휴대용 손난로 같은 것은 없었다. 갖고 싶은 게임 소프트웨어를 사려고 일했는데 손가락 끝이 살짝 동상에 걸리는 바람에 아파서 결국 게임을 못했지만 말이다(웃음).

어쩌다 일본을 좋아하는 친구를 알게 되어 그 영향으로 나도 애니메이션, 게임, 격투기 등 일본 문화에 흥미를 갖게 되었다. 아버지는 가라테 검정띠였고, 형과 나도 도장에 다녔다. 일본어 발음이 흥미로워서 그룹레슨을 받았는데 어머니까지 일본어에 흥미를 가지게 되었다.

고등학교 졸업 후 파리의 INALCO(프랑스 국립동양언어문화대학)에서 일본어와 경제를 공부했다. 일본과 프랑스를 잇는 무역관련 일을 하고 싶었는데, 우연히 파리에서 열린 농업축제에서 전문가만이 출입할 수 있는 「치즈 살롱(Salon du fromage)」에 우리 가게와 거래하는 관계자가 있었다. 그가 "일본에 관심이 있다면…" 하고 소개해 준 사람이 바로 내추럴 치즈 전문점 「페르미에(Fermier)」의 혼마 루미코 씨였다. 당시 나는 아직 일본어가 많이 서툴러 더듬더듬 인사만 했고, 루미코 씨는 명함을 내밀며 "일본에 오면 연락주세요."라고 했다.

워킹 홀리데이로 1년간 일본에 가서 치즈와 관련된 일을 좀 해보는 것도 좋을듯했다. 치즈가게 아들이니 치즈에 관해서라면 알만큼 안다는 가벼운 마음이었다. 나중에 그 생각이 너무 안일했음을 알게 되었지만. 일단 르망으로 돌아가 한 달 반 정도 이른 아침부터 우체국에서 배달 아르바이트를 하여 여비를 마련했다. 마침 베이징올림픽이 한창이어서 실시간으로 라디오에서 흘러나오는 중계방송을 들었던 기억이 난다.

2008년 9월, 일본으로 갔다. 인터넷으로 미리 구해 놓은 아파트는 사진과는 꽤나 달랐다.

내 방 바로 옆이 쓰레기 버리는 곳이라 바퀴벌레와 사이좋게 지내야 했는데, 그전까지 한 번도 경험해본 적이 없어서 상당한 스트레스를 받았다.

「페르미에」에서 아르바이트하기로 결정되어 미나토구 아타고에 있는 본점에서 2주간 연수를 받았다. 프랑스 본가에서 취급했던 치즈와 같은 제조사의 제품이 보이면 "우와! 일본에서도 판매되는구나!" 싶어 기분이 좋았는데, 한편으론 프랑스 이외의 나라에서 생산되는 치즈는 모르는 게 많다는 사실도 알게 되었다.

시부야에 위치한 도큐 푸드쇼(Tokyu Food Show)의 매장에서 접객 업무를 시작하였다. 처음에는 일본어로 대화하는 것에 용기가 나지 않아 기어들어가는 목소리로 "어서 오세요."라고 말하는 게 고작이었다. 계산대에서 계산하는 일이라면 얼마든지 해낼 수 있다고 생각했는데, "2,376엔입니다."라고 금액을 단숨에 말해 본 적이 없다. 게다가 일본인이 말하는 치즈이름을 알아들을 수가 없어서 망연자실하기도 했다. 예를 들어 「로크포르」라는 치즈를 말해도 프랑스어 발음과는 달라서 다른 말로 들렸다. 어쩌면 그런 나를 보고 손님들은 "프랑스 사람이 프랑스 치즈도 모르나?!"하고 수상쩍게 생각했을지도 모른다. 빨리 일본어를 잘할 수 있게 되었으면 싶다가도 떠들썩한 일본어 속에 종일 있다 보면 머리가 이상해질 것만 같았다. 함께 일하는 직원들에게도 민폐를 끼쳤다고 생각한다.

「손님은 왕」이라는 개념도 프랑스 사람인 나로서는 이해하기 어려운 부분이었다. 또, 나는 경어를 쓰는데 손님은 "없어?" 하고 편하게 말하는 경우도 있었다. 이곳 푸드쇼에 파란 눈의 외국인 종업원은 나 혼자 뿐이라 익숙하지 않다고는 하나 때로는 불합리한 상황에 맞닥뜨려 분한 생각도 들었다. 물론 손님 대부분이 친절하기는 했지만 말이다.

끈적끈적, 쫄깃쫄깃, 폭신폭신 등등, 일본어에는 의태어가 아주 많다. 모르는 말은 메모해두었다가 집에 와서 사전을 찾아보고 외우기를 반복했다. 집에서는 TV 예능프로그램을 자주 봤다. 자막이 나와서 머리에 넣기가 쉬웠다. 그리고 종종 매장에서 그 말을 쓰면 반응이 오기도 했다.

일본 손님들은 치즈에 대해서 잘 모르거나 마니아로 매우 잘 알거나 두 부류로 나뉘는데, 치즈에 정통한 손님들은 "이 치즈는 워시작업을 몇 번 하나요?"라는 식으로 제조법까지 파고드는 질문을 해서 치즈 공부도 열심히 해야 했다. 게다가 텍스트가 일본어였으니, 정말이지 하나부터 열까지 쉽지가 않았다. 프랑스의 치즈가게 아들이 일본에서 일본어로 치즈공부를 하다니 정말로 이상한 일이 아닐 수 없었다.

1년간의 비자기간이 끝나 일시 귀국한 후 나는 정직원으로 「페르미에」에 들어갔다. "다시 비자수속을 밟아줄 테니 계속 일하는 건 어때요?"라는 제안도 있었고, 나 스스로 아직은 어엿한 프로마제가 아니라고 생각했기에 다시 일본으로 돌아오게 된 것이다.

또다시 시부야점에서 근무하였는데, 아르바이트를 하던 때와는 달리 경영상의 수치 파악도 필요하게 되면서 책임의 무게가 달라졌다. 무아지경으로 몰입해서 일하다 보니 어느 사이엔가 부점장, 그리고 점장이 되어 총 4년 이상의 세월을 보냈다.

2014년 7월부터는 아타고 본점의 점장으로 일했다. 백화점 지하 식품매장이니만큼 속도를 중시하는 시부야점에 비해 천천히 맛을 음미하는 손님이 많았고, 레스토랑과 도매거래도 했으며, 취급하는 치즈 종류도 100가지에서 300가지로 늘어났다. 전문 요리사들을 포함한 고객과의 대화를 통해 와인과의 마리아주, 맛있게 먹는 방법 등 치즈의 매력을 이끌어낼 가능성이 무한하다는 사실을 실감하면서 나는 프로마제로 일하는 것이 정말로 즐거워졌다.

세계 최우수
프로마제 콩쿠르

Concours Mondial du Meilleur Fromager

세계 최우수 프로마제 콩쿠르는 전세계의 치즈와 유제품을 프랑스에 한데 모아 놓고 품평하는 「몬디알 뒤 프로마주(Mondial du Fromage)」의 메인이벤트이다. 과거에는 2003년부터 2년마다 개최하던 「카세우스 어워드(Caseus Award)」가 있었다. 리옹의 시라(Sirha) 국제 외식박람회의 이벤트로 각국의 선수가 2인 1조로 참가했는데, 세 차례 개최 후 중단되었다. 그래서 2007년도 우승자이며 프랑스의 프랑스 최우수 기능장인 MOF(Meilleurs Ouvriers de France)이기도 한 로돌프 르 뫼니에(Rodolphe Le Meunier)가 중심이 되어 고향 투르의 후원으로 2013년부터 새로이 치즈 박람회와 개인전 콩쿠르를 2년마다 개최하기에 이르렀다. 나는 2015년도 제2회 대회에서 우승하였다.

사실은 2013년 제1회 대회 때도 결승전까지 올라갔는데, 부족한 실력과 심한 압박감으로 경연을 하면서도 후회와 반성을 하는 상황이다 보니 결국 유감스러운 결과를 얻었다. 당시 우승자는 「페르미에」의 이전 점장이었던 무라세 미유키 씨였다.

투르는 내 고향인 르망에서 약간 남쪽에 위치한 지역으로 대회 개최는 6월. 제2회 대회에 도전하면서는 6개월 전부터 공부와 훈련을 제대로 준비했다. 콩쿠르는 7시간이라는 긴 시간을 치러야 하기에 복싱도장에 다니면서 심신을 단련했다. 식사의 영향 밸런스도 신경썼다. 그야말로 올림픽에 출전하는 운동선수 같았다.

결승에는 6개국 12명이 참가했다. 프랑스 국내의 최우수 프로마제, 이전 대회에서 3위와 2위 입상자 등 상대가 쟁쟁했지만, 나 역시 더 이상 할 게 없을 정도로 열심히 준비했기에 "이제 즐기기만 하면 돼!"라는 마음이었다. 또한, 응원하러 온 부모님과 친구들이 웃는 얼굴로 손을 흔들어 준 격려 덕분에 마음이 든든해져서 중압감 없이 경연할 수 있었다.

오전 9시에 시작하여 먼저 이론과 지식 시험을 보고, 이어서 블라인드 테스트를 한다. 포장

왼쪽_ 「아시에트 드 프로마주」라는 종목에서는 파르미자노 레자노, 르블로숑, 카망베르 드 노르망디, 에푸아스, 브리야 사바랭 아피네가 문제로 제시되었다.
가운데_ 콩테와 꿀을 사용한 「마리아주 데 구」는 6접시를 만들었다. 입에 넣는 순간의 놀라움과 함께 식감의 조화를 노렸다.
오른쪽_ 높낮이를 주어 입체감을 살리고 치즈를 비스듬히 자르는 등의 포인트를 준 「플래토 드 프로마주」.

지를 벗긴 4종류 치즈의 이름, 유종, 타입, 생산국, 숙성기간을 10분 이내에 적어내야 한다. 3종류는 바로 알았는데 하나를 틀리고 말았다. 그뤼에르가 정답이었는데 피아베로 착각했다.

그 다음 5분 동안 4종류의 덩어리 치즈를 250g 분량으로 자르는 시험은 잘 치러냈다. 평소 100g 단위로 자르는 데 익숙해져 있었으니까.

이어서 참가자 각자가 가져온 치즈를 5분간 프레젠테이션 한다. 내가 선택한 치즈는 홋카이도의 공동학사 신토쿠 농장의 「사쿠라」였다. 치즈 상태와 맛도 심사하기에 냉장고에서 꺼내는 시간을 신중하게 계산하여 분홍색 도자기 접시에 담아냈다. 맛과 향, 사케와의 마리아주 등을 즐겁게 설명했더니 심사위원들이 흥미로웠는지 잇달아 질문을 해서 분위기가 좋았다.

오후부터는 4시간에 걸쳐 5종류의 기술 시험을 치른다. 이때부터는 응원단 등의 갤러리도 참관할 수 있다.

첫 번째 종목은 접시에 1인분을 담아내는 「아시에트 드 프로마주(Assiette de Fromages)」. 치즈는 5종류를 그 자리에서 알려준다. 나는 일본의 주석접시 테두리를 구부려서 치즈 각각이 예쁘게 보이도록 양을 적게 담고, 잼과 호밀빵, 클로버모양으로 만든 양상추, 라임장식 등을 곁들였다.

장식하는 데 사용한 신선한 식재료는 콩쿠르 전날에 참가자 전원이 시장에 모여 예산 150유로 안에서 구매했다. 나는 60유로밖에 사용하지 않았으니 참 알뜰하지 않은가.

두 번째 종목은 「마리아주 데 구(Mariage des Goûts)」. 12개월 숙성한 콩테와의 마리아주 제안이다. 나는 네모나게 자른 콩테 3조각을 사용하여 한 조각은 가운데를 파내어 뚜껑 달린 상자처럼 만든 후 그 안에 라벤더꿀을 채웠다. 여름에 만든 감칠맛이 깊은 콩테에 잘 어울렸다.

13

세 번째 종목은 뷔슈 드 셰브르(Bûche de chèvre)를 사용한 요리. 가열은 할 수 없다. 나는 체리, 라즈베리, 딸기로 소스를 만들어 구성한 디저트를 만들었다(p.152 참조). 소스를 거르기 위한 쉬느와즈(원뿔모양 금속도구) 상태가 좋지 않아 여러 차례 망가뜨렸는데, 당황하지 않고 차분하게 대처했다. 심사 후에 다른 사람의 요리는 남겨진 것도 있었는데, 내가 준비한 디저트 글라스는 모조리 비어 있었다.

네 번째 종목은 「플래토 드 프로마주(Plateau de Fromages)」. 수십 가지 치즈 중에서 선택한 치즈를 1m×1m의 나무보드에 예술적으로 담아내는 것이다. 나는 일본의 생화나 정원을 참고로 가파바시와 도큐핸즈에서 구매한 돌, 나무 등의 소품을 이용해 일본풍의 코디네이트를 시도했다. 임팩트가 있었는지 만점을 준 심사위원도 있었다.

마지막 종목은 하드타입 3종류의 치즈를 나이프로 자유롭게 카빙하는 것. 나는 치즈 자체를 깎아서 낭비하는 것을 좋아하지 않기 때문에 단순하게 만들었다.

심사 발표가 다가오자 비로소 긴장되었다. 내심 3위 안에는 들지 않을까 기대했는데, 우승자로서 내 이름이 불리자 기쁨의 감정이 폭발했다. 부모님도 눈물을 흘리셨다.

우승 후 프랑스에서도 취재 요청이 많았는데, 일본의 야후 뉴스에도 나오고 TV에도 출연했다. 일에도 좋은 영향을 주어 좋았지만, 다시금 긴장감이 생겼다. 그 무렵부터였던 것 같다. 스트레스 해소에 커피를 마시는 습관이 생긴 것은. 무슨 이유에서인지 프랑스 사람인데도 그 전에는 커피를 거의 마신 적이 없었다.

치즈와의 대화,
손님과의 대화

Conversations avec les fromages et les clients

내 직업인 프로마제에 대해서 좀 더 자세히 말하자면, 원래 정식 명칭은 「크리미에 프로마제 (Cremier Fromager)」이다. 크리미에는 크림에서, 프로마제는 프로마주에서 유래한 말로 유제품과 달 걀을 판매하는 사람을 가리킨다. 이 직종의 역사는 결코 오래되지 않았는데, 약 150년 전부터라 고 생각한다. 그보다 더 전에는 농가에서 치즈를 직접 만들어 마을로 가져와서 팔았으니까 말이 다. 그래서 치즈를 만드는 사람을 가리켜 프로마제라고 하는 경우가 있다.

신선한 우유는 시골에서만 마실 수 있었지만, 19세기 파리에 카페가 대중화되면서 카페오레 를 많이 마시게 되었다. 그 때문에 우유의 수요가 늘어나 유제품을 매입하여 판매하는 크리미에 프로마제가 확립되었던 것이다.

마침내 산업 근대화의 물결 속에 치즈도 수제 농가제나 전통 제법에서 대량 생산의 공장제 로 바뀌었다. 조부모님의 가게에는 어디서든 판매되는 제품이 많았다. 부모님이 대를 이을 즈음 에는 미식을 고집하는 시대로 바뀌기 시작해 희귀 농가제나 고품질 치즈를 많이 취급하게 되었 다. 하지만 시장통 가게로서의 활기는 조부모님 때가 훨씬 더 있었던 것 같다.

2000년부터 MOF에 프로마제 부문의 콩쿠르가 개설된 것은 업계에 기분 좋은 움직임이다. 명예로운 칭호를 받을 기회가 생기면서 젊은 세대가 관심을 갖게 되었다. 또한, 숙성기술자로 이 름을 알리는 사람도 늘어나고 있다. 숙성기술자를 아피뇌르(Affineur, 여성은 아피네우스)라고 하는데, 이들은 생산자한테 구매한 치즈를 자신의 저장고에서 뒤집어주고 닦아주면서 그 가치를 높이는 일을 하는 장인이며, 이 일을 겸하는 프로마제도 있다.

와인의 경우는 제조연도로 맛을 특징지을 수 있는데, 치즈는 원유가 매일 착유되므로 계절 에 따라 달라진다. 게다가 같은 시기에 가게로 들어온 같은 치즈라도 덩어리(Whole)마다 맛이 다

왼쪽_ 오감을 훈련시켜 치즈와 대화한다. 새로운 치즈가 들어오면 가슴이 두근거린다.
항상 일정지가 않으므로 최고의 상품을 만났을 때의 감동은 더 크다.
오른쪽_ 손님이 치즈를 구매하고 기뻐하는 모습을 보는 것이 프로마제가 하는 일의 묘미이며,
반대로 실망시키는 대상은 고객뿐만이 아니라, 생산자마저도 슬프게 만들므로 그 책임이 막중하다.

르다. 무살균유 농가제는 그런 점이 더욱 뚜렷하다. 이는 내추럴 와인에도 해당되는 사항으로, 그런 변화가 바로 치즈의 매력이다.

때로는 제품 상태가 썩 좋지 않은 경우도 있지만, 그렇다고 당장 다른 제품으로 바꿔버리기보다 응원해줄 수 있는 마음이 있어야 한다. 자연환경에 좌우되는 치즈이니만큼 품질이 안정적이지 못한 면이 있는 것은 당연하므로 그 점을 이해해야 한다.

리먼 브라더스 사태 이후, 프랑스를 비롯한 유럽에서는 낙농업자의 자살문제가 대두된다. 까다로워진 농가 대출, 규제완화에 따른 글로벌 경쟁, 곡물 등 사료대금의 폭등, 원료유 가격의 하락 등 어려운 상황에 처해 있다.

치즈의 세계는 가축이 사료를 먹는 것에서부터 시작해 손님의 입에 들어갈 때까지 모두 하나의 고리로 이어져 있다. 우리는 가축을 키우거나 치즈를 만들 수 없으므로 가격으로 생산자를 괴롭혀서는 안 된다. 치즈 가격에는 그런 배경이 있다는 사실을 이해하면 좋겠다.

프로마제는 매일 치즈를 접하면서 냄새를 맡고, 맛을 보고, 언제 고객에게 서비스하는 것이 가장 좋은지를 판단한다. 치즈와 대화하는 셈이다. 치즈의 목소리를 제대로 알아들으려면 많은 경험을 쌓아야 한다. 실제로 생산지를 방문하는 것도 중요하다.

나는 이 일을 시작한지 이제 곧 10년이 되지만, 치즈에 대해서 더 알고 싶고 더 이해하고 싶다. 이 길의 여정은 끝없이 이어져 있다.

매장 이벤트 「파르미자노 레자노 커팅쇼」. 전용 나이프로 약 40㎏의 덩어리 치즈를 커팅한다.
가루치즈라는 이미지를 없애고 신선한 조각 치즈의 맛을 전하고 싶다.

프로마제에게는 치즈와 대화를 나누는 것 못지않게, 아니 그 이상으로 중요한 일이 바로 고객과의 대화. 언제 어떤 상황에서 먹을 것인지, 어떤 치즈를 좋아하고 어떤 치즈를 싫어하는지 등등, 고객이 무엇을 원하는지를 살피면서 상태가 좋은 치즈를 제안해야 한다. 손님이 설령 "지난번에 산 치즈가 맛있었으니까 오늘도…"라고 말하더라도 똑같은 맛일 수는 없으므로 오늘 치즈는 어느 계절에 만든 것인지, 또 어떤 맛인지를 전달하거나 고객의 기호를 바탕으로 다른 치즈를 권한다. 나아가 "어울리는 와인으로는 상세르를 추천하고 싶습니다."라든가 "벌꿀을 조금 첨가해서 드셔보세요."처럼 어떻게 먹으면 가장 맛있는지를 조언한다.

우리는 로봇이 아니므로 형식적인 조언은 재미가 없다. 자신이 직접 경험한 것을 자신의 말로 전달하고 싶어한다. 이를 위해 도움이 되는 게 바로 시장 점검이다. 나는 어릴 적부터 시장을 제집처럼 드나들었고, 일본에서도 백화점 지하 식품매장에서 일하면서 매일 주변 가게를 둘러보는 습관을 가지고 있었다. 그러다 보니 제철 식재료도 알게 되고, 여러 매장의 디스플레이 역시 프레젠테이션의 힌트가 되기도 한다. 부티크 스타일의 본점과 달리 백화점 지하매장에서는 손님과 오래 얘기하기가 어렵지만, 계산대에서 계산하거나 거스름돈을 거슬러주면서 "이 치즈는 호밀빵이랑 잘 어울려요. 앞의 빵집에 있어요."라든가 "저쪽에서 딸기를 싸게 파는데, 딸기와 궁합이 좋아요."처럼 한마디씩 말하려고 노력하고 있다.

일본의 경우 내추럴치즈는 고급스러운 기호품이라는 이미지가 있어서 조금이라도 오래 보관하면서 즐기고 싶어하는 사람이 많기 때문에 "워시타입의 쓴맛이 나면 맥주와 함께 즐겨보세요."라든가 "먹다가 남으면 그라탱 만들 때 사용해보세요."라는 조언도 하고 있다.

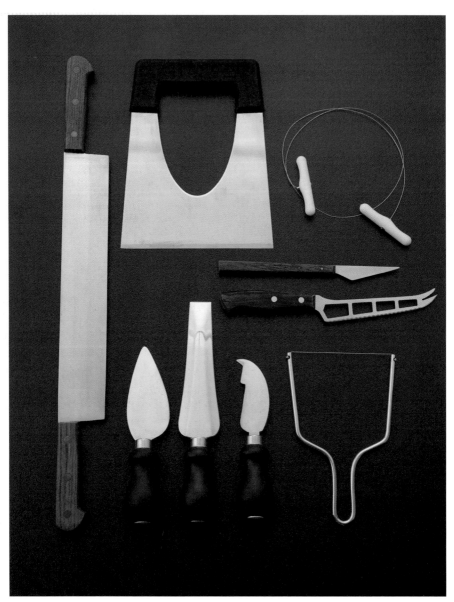

프로마제의 7가지 도구인 각종 나이프. 왼쪽은 하드타입용 양손 나이프. 위쪽가운데도 하드타입용. 오른쪽위는 와이어로 하드타입의 덩어리 치즈를 커팅할 때 사용한다. 그 아래는 소형 셰브르에 사용하는 크로탱 나이프와 흰곰팡이 등 소프트타입에 적합한 만능 오메가 나이프. 아래가운데 3개는 모두 파르미자노 레자노용. 이중 오른쪽 2개는 덩어리 치즈를 커팅할 때 사용하는데, 왼쪽의 아몬드 나이프는 일반 가정에서도 하나 갖고 있으면 편리하다. 오른쪽아래는 와이어가 짧은 핸드 리너(Hand Ligner)로, 나이프로 자르면 부서지기 쉬운 푸른곰팡이 치즈나 셰브르에 사용하면 좋다.

18

마리아주의
기술

어느 치즈에 무엇을 조합하면 맛이 배가 되고
새로운 미각의 세계를 즐길 수 있을까?
내가 평소 연구하고 좋아하는 주제다.
빵과 와인은 물론 사케, 커피, 후추, 벌꿀 등
궁합이 잘 맞는 것은 많다.
내 생각을 참고하여 최종적으로 여러분 스스로
멋진 조합을 찾아낸다면 참 기쁘겠다.

치즈+와인

Les vins

화이트와인의 마리아주 (위)

(예) 마코네, 블뢰 도베르뉴, 브리야 사바랭 아피네, 퀴레 낭테, 생트 모르 드 투렌

샴페인의 마리아주 (p.21 왼쪽위)

(예) 콩테 숙성, 샤오스, 크로탱 드 샤비뇰 숙성, 랑그르

로제와인과의 마리아주 (p.21 오른쪽위)

(예) 브리야 사바랭 프레, 뷔슈 드 셰브르

레드와인의 마리아주 (p.21 아래)

(예) 캉탈, 생 넥테르

치즈 + 와인

Les vins

치즈에는 화이트와인이 베스트!

치즈에 어울리는 와인을 물어보면 레드와인을 떠올리는 사람이 많지 않을까? 취향은 사람마다 다르지만, 나는 오히려 대부분의 치즈가 레드와인과는 잘 맞지 않는다고 생각한다. 레드와인의 타닌성분이 치즈의 감칠맛이나 원유의 풍미를 지워버려 치즈가 왠지 가엾다. 치즈의 단짝으로는 뭐니뭐니 해도 화이트와인이 최고다.

- **샤르도네** 과일맛이 강한 샤르도네 와인은 치즈의 감칠맛을 상승시키는 효과가 있다. 특히 하드타입, 흰곰팡이타입, 워시타입과 잘 어울린다. 「콩테 치즈에는 쥐라 지방의 샤르도네」와 같은 식으로 동일 토지와 토양으로 맞추면 더욱 좋다. 푸른곰팡이타입은 추천하지 않는다.

- **소비뇽 블랑** 상큼하고 신선한 산미와 함께 감귤이나 허브향이 나는 와인으로 셰브르와 궁합이 좋다. 푸른곰팡이타입의 숙성이 덜 된 푸름 당베르도 OK.

- **리슬링** 청량한 느낌의 산미와 담백한 맛이 나는 와인에는 숙성시킨 푸른곰팡이타입이나 워시타입 치즈가 어울린다.

- **슈냉 블랑** 슈냉 블랑에는 스위트한 맛부터 드라이한 맛까지가 있는데, 루아르 지방의 부브레처럼 과일과 벌꿀 풍미의 드라이 와인에는 하드타입이나 프레시타입 치즈가 잘 맞는다.

- **귀부와인** 슈냉 블랑의 스위트 타입인 루아르 지방의 코토 뒤 레용 또는 보르도 지방의 세미용 등으로 만드는 고급 소테른 같은 귀부와인에는 로크포르나 고르곤촐라 등의 블루치즈를 곁들여 우아한 시간을 즐겨보자. 귀부와인은 아니지만 프랑스 남서부 지방에서 프티 망상 등의 포도 품종으로 만든 단맛의 쥐랑송도 괜찮다.

샴페인은 거품을 가라앉힌 후에

샴페인은 뚜껑을 막 따서 거품이 많은 상태일 때보다 거품이 가라앉도록 30분 정도 두는 편이
치즈와의 밸런스를 맞출 수 있다.

산뜻한 맛의 샴페인에는 크로탱 드 샤비뇰, 랑그르, 파르미자노 레자노, 샤오스 등을 추천
한다. 오크통 숙성을 한 것으로는 콩테 숙성, 브리 드 모, 랑그르, 브리야 사바랭 아피네, 보포르
(에테 알파쥬) 등이 있으며, 끈적끈적한 타입은 그다지 어울리지 않는다.

하드타입 치즈는 특히 여운이 오래 남으므로 먼저 치즈를 먹고 삼킨 후 샴페인을 입에 담아
그 여운과의 마리아주를 즐겨보자.

로제와인에는 프레시타입 치즈

로제와인에는 리코타 등의 프레시타입과 숙성이 덜 된 셰브르(뷔슈 드 셰브르, 생트 모르 드 투렌, 샤비슈 뒤
푸아투 등), 겨울에 만든 콩테, 파르미자노 레자노를 추천한다.

레드와인에는 원유 풍미가 농후하거나 숙성감 있는 치즈를

「아무래도 레드와인이 좋아!」라는 사람에게는, 예를 들어 보졸레에는 캉탈, 브리야 사바랭 아피
네, 셰브르 치즈를 추천하고, 피노 누아에는 브리야 사바랭 아피네, 에푸아스, 생 넥테르, 레티바
즈를, 만체고 같은 스페인의 양유치즈에는 스페인산 레드와인이 좋은데, 전반적으로 나는 묵직
한 보르도 타입은 선택하지 않는다.

치즈＋사케

Le sake

파비앙 스타일의 SAKE + 치즈 페어링

지금까지 내가 마셨던 사케(니혼슈) 가운데 특히 맛있었던 조합을 술 타입별로 소개해보겠다. 어디까지나 개인 취향이며, 사케는 같은 상표라도 특성이나 제조 조건에 따라 맛이 다르므로 자신의 기호에 맞춰 베스트 페어링을 찾아보자.

준마이긴죠(純米吟醸)

가쿠레이(鶴齡) 준마이긴죠
(아오키 주조青木酒造)

+

랑그르(그외 피아베, 파르미자노
레자노)

니고리자케(にごり酒)

고젠슈(御前酒) 보다이모토(菩提酛)
니고리자케 히이레(火入れ)
(츠지혼텐辻本店)

+

겨울에 만든 콩테(그외 프레시타입,
숙성이 덜 된 셰브르)

스파클링 사케

미즈바쇼 퓨어(MIZUBASHO PURE)
(나가이 주조永井酒造)

+

보포르(그외 콩테, 피아베,
숙성이 짧은 랑그르)

야마하이(山廃)

유키노보우샤(雪の芽舎)
야마하이(山廃) 준마이
(사이야 주조점齋彌酒造店)

+

콩테 숙성(그외 보포르, 파르미자노
레자노)

레이슈(冷酒, 차게 마시는 사케)의
마리아주(p.24위)

예 브리야 사바랭 아피네, 랑그르,
파르미자노 레자노

간자케(燗酒, 데워 마시는 사케)의
마리아주(p.24아래)

예 묑스테르, 푸름 당베르

기모토(生酛)

준마이 80 가토리(香取)
(데라다혼케寺田本家)

+

브리 드 멀륀(그외 푸른곰팡이타입)

간자케(미지근하게 데워서)

하나토모에(花巴) 야마하이준마이(山
廃純米) 무여과 생숙성주
(미요시노 양조美吉野醸造)

+

푸름 당베르 (그외 블뢰 도베르뉴)

다루자케(樽酒)

기쿠마사무네(菊正宗) 준마이타루자
케(純米樽酒)
(기쿠마사무네 주조)

+

몽 도르(그외 레티바즈, 콩테 숙성)

고슈(古酒)

다루마 마사무네(達磨正宗) 숙성 3년
(시라키츠네스케 상점白木恒助商店)

+

에푸아스(그외 콩테 숙성, 브리 드 모)

치즈 + 사케

Le sake

때로는 와인을 능가할 정도의 찰떡궁합

학창시절 파리의 일본거리 생트안 거리에서 일식을 먹으면서 따뜻하게 데운 술을 마셨던 게 사케와의 첫 만남이었다. 분위기는 있었지만, 맛이 전혀 없어서 좋아하지는 않았다.

　그래서 일본에 온 후에도 별 관심이 없었는데, 「페르미에」에 입사하자 맛있는 사케가 있는 가게에서 환영회를 열어주었다. 그 자리에 등장했던 술이 야마가타(山形)의 「구도키조즈 사케미라이 준마이 긴죠(くどき上手 酒未来純米吟醸)」(가메노이 주조)였는데, 조심스럽게 마셔봤더니 "우와!"하고 감탄사가 나올 정도로 맛있어서 깜짝 놀랐다. 그날 이후 사케 공부를 하게 되었고, 아키타(秋田)의 「유키노보우샤(雪の芽舎)」(사이야 주조점)와 「만사쿠노하나(まんさくの花)」(히노마루 양조)를 만드는 양조장 등에 견학도 갔었다. 치즈에는 화이트와인을 고집하는 내게 사케는 그 조합과 가까운 느낌이었고, 사케와 치즈 각각이 지닌 아미노산이나 젖산의 엄청난 상승효과에 흠뻑 빠지게 되었다. 어쩌면 와인보다 더 잘 어울리지 않을까? 하는 생각도 종종 한다.

● **스파클링** 하드타입이나 숙성이 덜 된 워시타입 치즈와 잘 어울린다.

● **긴조슈(吟醸酒)・준마이슈(純米酒)** 약간 스위트하다면 묑스테르, 드라이하다면 랑그르. 어느쪽이든 숙성이 지나쳐서 흐물흐물한 것보다 적당히 탄력 있는 상태의 치즈를 추천. 푸른곰팡이타입과도 궁합이 좋은데, 특히 과일향이 나고 약간 걸쭉한 단맛이 도는 사케나 데운 술이 잘 어울린다. 치즈가 차가우면 데운 술과의 온도 차이 때문에 조화가 잘 안 될 수 있으니 살짝 상온에 두었다가 먹으면 좋다. 흰곰팡이 치즈에 어울리는 사케로는 샤르도네와 가까운 느낌의 술을 고르면 좋다.

● **기모토**(生酛) **· 야마하이**(山廃) 하드타입이 베스트. 잎새버섯을 우린 국물 같은 소박한 맛의 마리
아주로 가을에 차분한 분위기에서 즐기면 좋다.

● **고슈**(古酒) **· 기조슈**(貴醸酒) 고슈는 숙성 기간이나 상표에 따라 맛이 상당히 달라 한마디로 말할
수는 없지만, 에푸아스처럼 힘있는 워시타입이나 오랜 숙성의 하드타입 등이 잘 어울린다. 기
조슈는 귀부와인과 치즈를 조합하는 감각으로 매치하면 좋은데, 예를 들어 「하나하토(華鳩)」(에
노키 주조)처럼 술맛이 진하고 감칠맛이 도는 것은 푸른곰팡이타입과 절묘하게 어울리며, 약간
시원한 느낌의 「핫카이산 기조슈(八海山 貴醸酒)」(핫카이 양조)는 워시타입이 좋다.

　　프레시타입이나 셰브르와 어울리는 일본 사케는 그다지 떠오르지 않지만, 니고리자케는
치즈와 잘 어울리는 것 같다.

치즈와 사케의 마리아주 살롱에서. 치즈는
파르미자노 레자노, 묑스테르, 에푸아스, 브
리 드 멀륀, 푸름 당베르. 사케는 가쿠레이
준마이긴죠(鶴齢 純米吟醸), 하나토모에 야
마하이준마이(花巴 山廃純米) 2가지 타입,
다루마 마사무네(達磨正) 숙성 3년, 하나하
토(華鳩) 기조슈(貴醸酒) 등을 각각 조합시
켜 즐겨보았다.

치즈＋맥주

Les bières

화이트비어(밀맥주)의 마리아주

예 쿨로미에, 브리 드 모

IPA의 마리아주

예 슈롭셔 블루, 랑그르

흑맥주의 마리아주

예 스틸턴, 브리 드 멀룅

트라피스트 맥주의 마리아주

예 콩테 숙성, 에르브

필스너의 마리아주 (p.28)

예 뮝스테르, 파르미자노 레자노

치즈 + 맥주

Les bières

하드타입, 워시타입, 흰곰팡이타입이 잘 어울린다

맥주와 치즈는 의외로 조합하기가 쉽다. 치즈의 맛에는 쓴맛도 포함되어 있어 맥주의 쓴맛에 맞춰 더 진한 맥주를 맞추면 치즈가 달게 느껴진다.

맥주 종류에 따라 어울리는 치즈가 조금씩 달라지는데, 대체로 하드타입이나 워시타입과의 궁합이 좋고, 푸른곰팡이나 셰브르는 그다지 어울리지 않는다. 흰곰팡이타입은 화이트비어(밀맥주)와 잘 어울린다.

● **필스너** 저온에서 발효시켜 효모가 바닥에 가라앉는 하면발효 맥주의 일종. 세계적으로나 일본에서나 가장 대중적인 타입이다. 참고로 라거는 하면발효 맥주의 총칭이다.

입자가 고운 거품, 옅은 황금색, 호프의 쓴맛과 시원한 맛이 특징인 필스너에는 묑스테르나 숙성이 덜 된 샤오스 등의 너무 강하지 않은 워시타입, 또는 염분과 감칠맛으로 맥주가 죽죽 들어가는 파르미자노 레자노, 만능인 콩테, 묵직한 마온 메노르카 등이 잘 맞다.

● **화이트비어** 높은 온도로 발효시켜 효모가 위로 떠오르는 상면발효 맥주의 일종으로, 대맥과 소맥의 맥아를 사용하는 것이 특징이다. 벨지안 화이트라고 불리는 벨기에의 위트나 독일의 바이젠 등이 유명하다.

약간 희뿌옇고 감귤계의 과일 풍미와 허브향이 있는 밀맥주에는 쿨로미에나 브리 드 모 등처럼 버터 같은 느낌의 흰곰팡이타입을 추천한다.

치즈는 전반적으로 감귤류와는 맞지 않지만, 은은한 향이라면 흰곰팡이타입과 조화가 잘 되고, 식감의 균형도 좋다.

● **IPA** 하면발효 라거에 대응하는 상면발효 맥주의 총칭은 에일. 그 에일의 일종인 IPA(인디아 페일 에일)는 호프의 쓴맛이나 알코올 도수가 높고 자몽을 연상시키는 향도 있다.

　　슈롭셔 블루, 랑그르, 에르브, 콩테 숙성 등이 적합하다. 슈롭셔 블루는 1980년대에 영국에서 탄생한 푸른곰팡이타입의 치즈로, 순하면서 단맛과 은은한 쓴맛이 있어 맥주에 맞추기가 쉽다.

● **흑맥주** 검게 로스팅한 대맥을 원료로 쓰는 상면발효 맥주로 아일랜드나 영국에 많으며 「강하다」는 의미의 스타우트라고 부른다.

　　부드러우면서 커피와 같은 고소한 맛과 초콜릿, 그리고 건포도를 떠오르게 하는 등, 매우 풍부한 맛이 있어 치즈도 그에 뒤지지 않는 농후함과 고소함이 있는 것을 조합하면 좋다. 스틸턴, 브리 드 멀룅, 고다 숙성, 웨스트 컨트리 팜하우스 체더, 에푸아스 등.

● **트라피스트 맥주** 트라피스트회 수도원에서 만들어지는 맥주로 시메이, 오르발, 로슈포르 등 벨기에산이 주류.

　　입구가 넓고 묵직한 성배형 글라스로 마신다. 짙은 색깔에 맛도 깊고 쓴맛이 있으며, 바나나 또는 오렌지껍질 등의 복잡한 향도 느껴진다. 같은 지역에서 만든 에르브나 콩테(숙성이 덜 된 것이든 오래된 것이든)와 잘 어울린다.

치즈＋위스키

Les whiskies

피트향의 위스키는 하드타입이나 워시타입, 아닌 것은 푸른곰팡이타입의 치즈와

아끼는 위스키는 치즈, 견과류, 비터초콜릿과 함께. 긴긴 겨울밤 느긋하게 조용히 보내는 시간이 참 좋다. 그런 분위기에 어울리는 성인 남자에게 세트로 조합하여 선물한다면 분명 좋아하리라. 나라면 정말 기쁠 것 같다!

피트향, 바닐라, 서양배, 벌꿀, 건초향이 나는 위스키는 치즈와의 궁합이 매우 좋은데, 그중에서도 아일레이 몰트나 스카치처럼 스모키한 피트향이 나는 위스키에는 하드타입이나 워시타입의 치즈가 베스트 조합. 장작불로 가열하여 스모키한 맛이 나는 스위스의 레티바즈는 특히 더 추천하고 싶다.

먼저 치즈를 입에 넣고 씹어 삼킨 후 입안에 풍미가 퍼질 때쯤 위스키를 마시면 코로 빠져나오는 향과 풍부한 여운을 즐길 수 있다.

최근 일본에서 유행하는 하이볼은 닭튀김과 만두 등이 단골 안주이지만, 흰곰팡이타입의 치즈나 숙성이 덜 된 하드타입 치즈와도 잘 어울리므로 한 번 시도해보자.

● **스트레이트** 피트향의 위스키에는 숙성 하드타입(레티바즈, 고다, 콩테), 워시타입(에푸아스, 퀴레 낭테)

등. 피트향이 없는 것에는 스틸턴, 슈롭셔 블루 등의 푸른곰팡이타입. 에푸아스는 어느 것에나 다 잘 어울린다.

● **하이볼** 흰곰팡이타입, 숙성이 덜 된 하드타입(파르미자노 레자노, 콩테), 숙성이 덜 된 워시타입을 추천.

예 레티바즈, 에푸아스

치즈＋기타 주류

Les liqueurs et le porto

알코올 도수가 높고 단맛이 나는 술과 함께

치즈에 어울리는 술은 그 밖에도 여러 가지가 있다. 개봉해도 보존성이 높기 때문에 한 병 보관
해두면 언제든지 치즈와 함께 즐길 수 있다.

● **칼바도스** 사과로 만든 브랜디로 알코올 도수는 40도. 프랑스 북서부 노르망디 지방의 칼바도
스 지역을 비롯해 그 주변의 지정지역에서 원산지명칭보호 인정을 받았다. 같은 지역에서 생
산되는 치즈나 카망베르 드 노르망디 등의 흰곰팡이타입과 잘 어울린다.

● **포모 드 노르망디** 칼바도스의 알코올 도수가 조금 부담스러운 사람에게는 칼바도스에 사과즙
을 블렌딩한 알코올 도수 17도의 포모를 추천한다. 흰곰팡이타입 이외에 셰브르나 푸른곰팡
이타입과도 부드러운 조화를 느낄 수 있다.

● **포트와인** 포르투갈산 주정강화와인은 발효단계에서 여전히 당도가 높은 와인에 브랜디를 첨
가해 발효를 중단하는데, 단맛이 있으면
서 일반적인 와인보다 알코올 도수가 높
은 20도 전후로 마무리된다. 화이트, 루
비, 토니가 있으며 치즈와 궁합이 좋은
것은 색이 가장 짙은 토니 포트. 스틸턴
등의 푸른곰팡이타입과도 어울린다.

● **럼주** 주로 서인도제도에서 사탕수수의
당밀로 만들어지는 증류주. 알코올 도수
는 40도 이상. 오크통에서 숙성시킨 다
크타입이 푸른곰팡이치즈와 잘 매치된
다. 사탕수수의 즙을 원료로 한 아그리
콜 제법의 럼주는 신선한 풀향이 나서
뮌스테르나 랑그르 등의 워시타입과 어
울린다.

치즈 + 커피

Les café

「에스프레소와 콩테」는 휴일의 즐거움

논알코올 드링크와의 마리아주로는 커피가 가장 좋다. 입안에서 함께 맛보면 순한 카페오레처럼 느껴지기 때문이다. 내가 좋아하는 것은 에스프레소와 콩테. 조금 늦게 일어난 휴일이면 브런치와 함께 즐긴다. 에스프레소의 강렬함에 뒤지지 않는 숙성이 오래된 치즈가 잘 어울리는데, 숙성 3년 고다 치즈도 좋다.

일반적인 커피에는 하드타입 말고도 숙성이 덜 된 워시타입(랑그르, 묑스테르, 마루아유 등)도 궁합이 좋다. 보다 마니아스러운 스페셜티 커피에 어울리는 치즈도 소개해볼까 한다.

예 콩테

- **에티오피아 예가체프** 베리 풍미가 나는 커피에는 부드러운 오쏘 이라티를 매치하면 달달한 맛을 즐길 수 있다.
- **콜롬비아 인자** 아몬드, 채소, 흙냄새 향이 나는 커피에는 흰곰팡이 치즈가 어울린다. 가장 궁합이 좋은 것은 브리 드 모. 브리야 사바랭 아피네도 크림을 더한다는 느낌으로는 좋다.
- **파나마 에스메랄다** 여기서 재배되는 게이샤라는 품종은 꽃, 망고, 감귤 등의 풍미가 있으며, 숙성이 많이 진행되지 않은 에르브는 겉껍질에서 과일향이 느껴져서 조화가 좋다. 마루와유와도 잘 어울린다.
- **브라질 타데우** 아몬드향, 로스트향이 있는 커피에는 마찬가지로 로스트향이 있는 숙성 푸른곰팡이타입이 잘 어울린다. 예를 들어 푸름 당베르 또는 하드타입도 좋다.

참고로 홍차에는 라클레트, 말차에는 리코타 치즈나 브리야 사바랭 프레, 사과나 포도 주스에는 흰곰팡이타입이나 워시타입이 적합하다. 셰브르와 오렌지주스의 만남은 마치 게임에 져서 벌칙을 받는 듯한 최악의 조합이니 주의하자.

치즈 + 빵

Le pain

갓 구운 빵은 치즈의 친구

내게 빵은 주식이므로 치즈와 마찬가지로 매일 빼놓을 수가 없다. 일본에 온지 얼마 안 되었을
무렵, 맛있는 빵집을 찾기까지는 편의점에서 빵을 샀었다. 맛있는 반찬은 있는데 밥이 맛없으면
기분이 시들해지는 것처럼 슬펐다.

치즈에 빵은 친한 친구다. 끊으래야 끊을 수 없는 사이다. 치즈와 빵의 마리아주에서 절대
적인 법칙은 없어 취향에 따라 고르면 되지만, 참고로 내 조언을 소개하겠다.

● **바게트** 대부분의 치즈에 어울리는 만능빵. 비닐봉지에 넣어 보관하지 말고 바삭하고 신선할
때 먹는 것이 중요하며, 눅눅해지면 오븐토스터에서 구워 고소한 맛을 되살린다. 메밀가루로
만든 바게트는 흰곰팡이치즈나 하드타입과 특히 잘 어울린다.

● **캉파뉴** 강한 맛의 빵이므로 프레시타입
은 밸런스가 좋지 않다. 숙성된 깊은 맛의
치즈가 적합하다.

● **호밀빵** 독일빵에서 볼 수 있는 묵직하고
산미가 있는 빵. 치즈도 강한 향이나 맛이
밸런스가 좋다. 특히 워시타입을 추천.

● **건포도빵** 건포도의 단맛과 푸른곰팡이의
염분은 궁합이 매우 좋다. 하드타입으로
밀키한 치즈나 셰브르도 잘 어울린다.

● **통밀빵** 하드타입 대부분과 맛있는 조합
을 이룬다.

● **브리오슈** 프레시타입, 숙성이 덜 된 셰브
르, 푸른곰팡이치즈와 함께하면 좋다.

● **식빵** 순하고 부드러운 프레시타입은 괜
찮은데, 다른 것은 별로 추천하지 않는다.

치즈＋후추

Le poivre

치즈의 맛을 한층 더 높여주는 마술사

프랑스에는 향신료가 매우 다양하고 풍부하다. 프랑스 출장 때 찾아간 전문점에서 검정후추 하나에도 산지에 따라 향과 맛이 다르다는 사실에 놀라면서 매료되었다. 세계콩쿠르 참가를 위해 투르에 머물렀을 때는 전문점 「테르 엑조티크」에서 많은 종류의 후추를 구매했다. 치즈와 후추의 마리아주는 그야말로 자극적이어서 영감을 북돋운다. 대부분의 치즈에 잘 어울리는 향신료는 검정후추. 나는 말레이시아 사라와크에서 생산되는 제품을 사용한다. 후추는 신선한 향이 생명이므로 먹기 직전에 가는 것이 철칙. 치즈의 식감을 헤치지 않고 크리미한 풍미를 돋운다. 치즈에 따라서는 가벼운 느낌을 주거나 숙성이 오래되어 강해진 풍미를 방어하여 먹기 쉬워지기도 한다. 특히 셰브르의 풍미에 익숙해지기 어려운 사람은 꼭 한 번 시도해보자. 또한, 그라탱 등의 치즈 요리에는 흰후추도 괜찮다. 그밖에 좀 특이한 후추와의 마리아주를 소개하겠다.

- **적후추** 핑크후추가 아니라, 캄보디아 캄폿에서 생산되는 완숙 후추. 검정후추보다 한층 더 익혀서 수확한 것으로 매운맛보다 팽 데피스(향신료를 사용한 쿠키나 케이크의 일종)를 연상시키는 「따뜻한 향」이나 과일향이 특징이다. 워시타입 치즈와의 궁합이 좋고 에푸아스나 랑그르가 베스트 초이스. 숙성이 오래된 치즈와 조합하면 순해져서 먹기 쉬워진다.

- **긴후추** 캄보디아 캄폿산 레드와 인도네시아산 블랙이 있다. 오키나와의 필발과 같은 종류의 가늘고 긴 후추로, 은은한 단맛이 있는 리치한 향이 있고, 소량으로 치즈의 좋은 서포트 역할을 한다. 하드 타입이나 셰브르와 잘 어울린다.

- **에티오피아산 야생 후추** 티미즈라고 불린다. 장착처럼 스모키한 향이 있어서 콩테나 레티바즈 등의 산악지역에서 생산된 치즈에 사용하면 좋다. 퐁뒤에 넣으면 굉장한 향을 즐길 수 있다.

- **마다가스카르산 야생 후추** 흙, 라벤더, 버섯 등의 향이 느껴지며, 셰브르 치즈와 궁합이 좋다.

- **네팔산 야생 산초** 티무트(Timut)라고 불리는 산초의 일종. 자몽이나 오렌지 향이 나고 맵지 않다. 흰곰팡이타입인 쿨로미에, 브리 드 모, 카망베르 드 노르망디와 잘 어울린다.

- **간슈 베리** 정확하게는 베리의 일종으로 서카메룬에서 생산된다. 오렌지 등의 감귤향이 있으며, 흰곰팡이타입 브리 드 모와 특히 잘 어울리고, 오쏘 이라티 등의 양유 치즈와도 잘 맞는다.

치즈 + 향신료 & 허브

Les épices, les herbes et les aromates

프레시 치즈나 셰브르에 악센트로

향신료나 허브를 치즈에 톡톡 뿌리기만 해도 맛에 변화가 생겨 마지막까지 질리지 않고 먹을 수 있다. 프레시타입이나 셰브르, 양유 치즈와 궁합이 좋다.

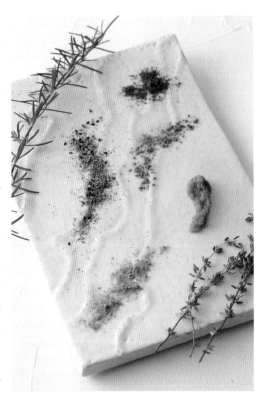

- **카레가루** 숙성이 덜 된 하드타입, 크림치즈 등이 어울린다.
- **시나몬** 곰팡이타입에 잘 어울린다. 사과와 카망베르의 조합에 점수 플러스.
- **피멍 데스플레트** 만체고와 같은 양유치즈 하드타입, 브리야 사바랭 프레. 슬라이스한 치즈 사이에 향신료를 끼워 넣는다. 시치미토카라시(고춧가루, 후춧가루, 검은깨, 산초, 겨자, 대마씨, 진피 등 7가지 향신료를 섞은 것)로 대신해도 좋다.
- **유자 후추** 양유치즈 하드타입 또는 파르미자노 레자노.
- **산초** 흰곰팡이타입과 조화가 좋다.
- **고추장** 만체고, 숙성이 덜 된 고다, 숙성이 덜 된 콩테.
- **로즈메리** 대부분의 셰브르, 양유치즈 하드타입, 프레시타입. 로즈메리는 딱딱하고 향이 강하므로 잘게 다져서 적은 양을 넣거나 랩으로 치즈와 함께 싸서 향을 옮기면 좋다.
- **타임** 양유치즈 하드타입, 피코동 등의 셰브르. 샐러드처럼 토핑으로 올려서 향을 즐긴다.
- **파슬리** 가열하는 치즈요리에 첨가한다.
- **차조기잎** 크림치즈, 브리야 사바랭 프레 등의 프레시타입.

치즈＋벌꿀＆콩피튀르

Les miels et les confitures

꿀의 종류나 농도를 생각해서 조합하면 전문가 수준

짠맛의 치즈에 달달한 꿀을 조합하면 감칠맛이 증폭한다. 꿀은 꽃에 따라 맛의 개성이 달라지므로 다양한 시도를 해보자. 입에 넣었을 때 거부감 없이 하나가 되도록 치즈의 단단함에 맞는 농도의 꿀을 고르면 완벽하다.

- **아카시아** 부드럽고 먹기 쉬운 꿀로 무적! 대부분의 치즈에 적합하다.
- **타임** 스틸턴 이외의 푸른곰팡이타입, 숙성이 덜 된 셰브르와 어울린다.
- **로즈메리** 양유치즈 푸른곰팡이타입이나 하드타입, 셰브르, 파르미자노 레자노.
- **밤** 로크포르, 고르곤졸라, 숙성 하드타입.
- **라벤더** 콩테, 푸름 당베르.
- **라즈베리** 프레시타입. 셰브르, 하드타입, 워시타입 등 숙성이 덜 된 모든 치즈.
- **해바라기** 랑그르나 숙성이 덜 된 샤오스와 조화를 이룬다.
- **린덴**(참피나무속 식물) 랑그르, 푸름 당베르, 뷔슈 드 셰브르.
- **레몬** 프레시타입.

콩피튀르는 초보자나 술을 마시지 않는 사람에게

콩피튀르(과일의 설탕절임, 쨈)는 치즈를 별로 먹어본 적 없는 초보자나 어린이를 위한 마리아주. 디저트 대신으로도 좋다. 프레시타입이나 셰브르, 흰곰팡이, 양유치즈로 숙성이 덜 된 크리미한 풍미의 치즈와 잘 맞는다. 예를 들면, 셰브르에는 베리 계열이나 무화과. 흰곰팡이타입에는 살구, 무화과, 사과. 양유로 만든 오쏘 이라티에는 블랙체리. 만체고에는 마르멜로(또는 모과)나 감. 숙성이 덜 된 묑스테르에는 라즈베리 등이 어울린다.

치즈 + 과일 & 견과류

Les fruits et les noix

입가심 또는 디저트 감각으로 조합한다

치즈 모듬에 건포도나 견과류가 곁들여지는 경우가 종종 있을 거라고 생각한다. 이것은 마리아
주라기보다 입가심이라는 요소가 크다. 과일은 신선한 상태로 곁들여 가벼움을 주거나, 버터로
캐러멜화하거나 가볍게 조려서 곁들이면 디저트 감각으로 즐길 수 있다.

- **사과** 달콤한 완숙 사과를 고른다. 흰곰팡이타입, 특
  히 카망베르 드 노르망디와 궁합이 좋다. 그밖에 프
  레시타입이나 마일드한 워시타입도 괜찮다.
- **감** 잘 익은 것을 푸른곰팡이 치즈에 곁들인다.
- **베리류** 프레시타입, 양유치즈의 숙성이 덜 된 하드
  타입, 숙성이 덜 된 묑스테르.
- **서양배** 푸른곰팡이, 프레시타입.
- **복숭아** 프레시타입, 특히 모차렐라.
- **바나나** 마스카르포네, 리코타 등의 프레시타입.
- **감귤류** 대부분의 치즈와는 잘 안 맞는다.
- **말린 과일(건포도 등)** 치즈와 함께 입에 넣기보다 입가
  심으로 이용한다.

- **견과류** 무염 로스트 견과는 치즈의 염분을 완화해주므로 푸른곰팡이타입과의 조화가 좋다.
만능으로 어울리는 것은 호두. 입가심으로 먹거나 잘게 부수어서 푸른곰팡이 치즈와 함께 빵
에 발라도 좋다. 게다가 구워도 맛있다. 콩테는 밤처럼 약간 떫은맛이 있으므로 밤이나 호두와
의 궁합이 좋다. 흰곰팡이 치즈에 잘게 다진 호두와 피스타치오를 치즈 사이에 껴서 먹는 것도
좋다. 헤이즐넛이라면 하드타입이나 셰브르를 샐러드로 만들어 토핑으로 이용한다. 또는 셰
브르 쇼(p.67 참조)에 곁들여도 좋다. 한마디 더 하면 피렌체에서 먹은 생크림이 들어간 모차렐라
「부라타」를 라비올리에 싸서 양파와 피스타치오 소스를 곁들인 요리가 굉장히 맛있었다.

파비앙 스타일의
새로운
치즈 가이드

프랑스에서 생산되는 것만 해도 1,000종류가 넘는 치즈.
전부를 소개하는 것은 너무나도 어려운 일이어서
내가 특히나 추천하고 싶은 치즈를 골라 보았다.
일반적인 가이드에서는 흰곰팡이, 푸른곰팡이 등의 타입으로 분류하는데,
굳이 어렵게 생각할 필요 없이 미각으로 느꼈으면 해서
맛의 경향별로 마일드 계열, 펀치 계열, 감칠맛 계열로 분류하였다.

용어 해설

PDO·AOP·DOP

PDO는 EU가 규정하는 고품질 농산품과 식품의 명칭을 보호하는 제도「원산지명칭보호(Protected Designation of Origin)」의 약칭으로, 1992년에 제정되었다. 프랑스에서는 AOP, 이탈리아나 스페인에서는 DOP로 표기된다. 특정지역을 원산지로 하고, 규정에 근거한 법에 따라 고유 품질을 갖춘 제품으로 인가된 것으로, 제품에는 공통 마크가 표시된다. 또한, 프랑스에서는 1905년부터 AOP의 전신인 AOC 제도를 실시하였다. 스위스는 2000년에 AOC를 마련했고, 2013년부터는 AOP가 되었는데, EU에 가맹되지 않아 독자적인 마크를 사용하고 있다.

농가제·공장제

비교적 소규모 제조공방에서 원유를 착유하여 무살균유를 사용하는 등 전통적인 방법에 따라 만드는 것이 농가제로,「페르미에(fermier)」라고 한다. 그에 비해 비교적 대규모 제조공장에서 대량 생산하는 것이 공장제로「레티에(Laitier)」라고 불린다.

산 응고·렌넷 응고

산 응고는 원유에 포함된 유산균의 힘으로 응고시키는 방법이다. 렌넷 응고는 송아지, 새끼산양, 새끼양 등의 제4위에서 추출한 효소가 사용된다. 아티초크의 수꽃술 등에서 만들어지는 식물성 렌넷도 예전부터 이용되었는데, 채식가가 많은 영국이나 포르투갈에서 볼 수 있다. 20세기에 들어서면서 차츰 치즈의 대량 생산이 진행되어 미생물 렌넷에 의한 응고가 많아졌다. 산 응고의 경우에도 렌넷을 약간 첨가하는데 장시간(24~48시간) 커드를 응고시킨다. 훼이(유청)가 잘 배출되지 않는 프레시타입이나 셰브르의 대부분이 산 응고이다. 우유 치즈 중에는 에푸아스, 브리 드 멀룅 등 일부가 있다. 렌넷 응고는 빠르고 확실하게 응고되고, 훼이 배출도 원활하게 할 수 있어서 하드타입, 장기숙성타입에 이용된다.

커드·훼이

원유에 유산균이나 렌넷을 첨가했을 때 만들어지는 덩어리가 커드이다. 일본에서는 응유(凝乳), 이탈리아에서는 파스타(Pasta)라고 한다. 커드를 잘라서 틀에 넣었을 때 배출되는 유청이 훼이(Whey)이다.

샬레

알프스 지방에서 볼 수 있는 치즈를 만들기 위한 산속 오두막.

가이드 보는 방법

원산국·원유의 종류 ────

사이즈(원산지명칭보호 제품은 그 규정에 따르며, 그밖의 제품은 평균적인 기준을 표기)

본문 속 프랑스 치즈의 출하 및 생산량은 AOP치즈협회에 따른 2016년 자료를 참고

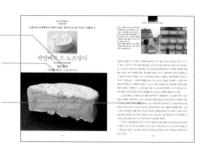

Fromages doux

마 일 드 계 열 치 즈

원유의 자연적인 단맛, 부드러운 식감, 순한 맛,
상큼한 산미, 이런 특징을 지닌 「마일드 계열」
치즈를 모았다. 주로 숙성시키지 않은 프레시 치
즈나 흰곰팡이타입, 숙성이 덜 된 셰브르, 숙성
이 덜 된 하드타입 등이다.

부드럽게 녹아내리는 식감, 디저트에도 요리에도 자유자재

리코타
Ricotta

이탈리아 ● 우유, 양유, 물소유, 산양유

200g~2kg

훈제연어로 감싸서 후추를 톡톡 뿌렸다.
다시 한 번 양상추에 싸서 먹어도 좋다.
손쉽고도 간편한 손님초대요리 완성.

마일드 계열의 선두타자는 프레시타입의 이탈리아산 리코타이다. 프랑스산 프로마주 블랑 (Fromage blanc)이나 일본산 코티지치즈(Cottage Cheese)와 어떻게 다르냐는 질문을 자주 듣는데, 프로마주 블랑은 원유, 코티지치즈는 탈지유를 원료로 하여 훼이(유청)를 분리시킨 것이다. 리코타는 그 훼이를 주원료로 하고, 원유가 첨가되기도 한다. 참고로 리코타는 「다시 끓인다」는 의미다.

훼이의 원유로는 우유, 양유, 물소유, 산양유 등이며, 이탈리아 각지에서 만들어지고 있다. 발상은 남이탈리아의 양유제로, 시칠리아에서는 카놀리, 카사타와 같은 전통과자나 파스타 등의 요리에 빠지지 않는다. 또한, 물소유 치즈 「모차렐라 디 부팔라 캄파냐」의 부산물인 훼이를 이용해 캄파니아 주 등의 지정 지역에서 만들어진 DOP 제품 「리코타 디 부팔라 캄파나(Ricotta di Bufala Campana)」는 진한 단맛으로 매우 맛있다. 프랑스 코르시카섬에서는 양유나 산양유의 훼이를 사용해 「브로시우(Brocciu)」라는 비슷한 치즈가 만들어지고 있으며, 이것도 AOP 인증을 받았다. 모두 선도가 생명으로 만들자마자가 가장 맛있어서 일본으로 입하되는 양이 적은 것이 안타깝다.

구하기 쉬운 것은 북이탈리아 롬바르디아 주에서 생산되는 우유제. 부드러운 단맛, 입안에서 사르르 녹아내리는 식감, 칼로리와 지방분이 적어 건강한 식재료로 전 세계에서 인기가 많다. 우리의 일상에서도 식탁에 더 많이 오를 수 있었으면 좋겠다.

요거트처럼 잼이나 꿀을 살짝 넣어 먹어도 좋다. 에스프레소, 코코아, 핫초콜릿에 우유 대신 넣어도 좋다. 복숭아를 프라이팬에 익히면서 으깨어 레몬즙을 살짝 넣고 산초를 뿌린 후 식힌다. 꿀을 바른 접시에 리코타를 얹고 앞에서 만든 복숭아소스를 붓고 밑에서부터 떠먹는다. 어울리는 술로는 로제와인을 추천한다. 컵모양의 용기를 개봉한 후에는 치즈 표면에 랩을 밀착시켜 냉장 보존하고 며칠 안에 다 먹어야 한다.

풍부한 맛의 깊이, 초보자부터 마니아까지 모두 좋아하는

브리야 사바랭

Brillat-Savarin

프랑스 ● 우유

100g, 200g, 500g

4주간 숙성시켜서 만드는 폭
신폭신한 흰곰팡이에 뒤덮인
아피네. 여러 사이즈가 있는
데 「페르미에」에서 만든 아피
네는 200g, 프레는 500g을
제공한다.

약 90년 전에 파리의 치즈 장사꾼 앙리 앙드레에 의해 그 유명한 미식가의 이름이 치즈에 붙여
졌다. 우유에 생크림을 넣고 만들어서 지방이 많아 맛이 진한 치즈다. 손으로 짜던 시절에는 우
유가 귀해(물론 지금도 중요하지만) 크림으로 버터를 만들고 그 나머지로 치즈나 훼이의 리코타 등을
만들었기 때문에 이런 고급스러운 치즈는 매우 귀했다. 착유기가 보급되면서 많은 소를 기를 수
있게 되자 우유의 가격이 하락하고 대량생산도 가능해졌다.

원래 산지는 노르망디였지만 이윽고 부르고뉴로 옮겨졌다. 처음에는 「프레(Frais)」라고 부르
는 프레시타입이 주류였는데, 1994년 델린사가 흰곰팡이타입의 숙성치즈 「아피네(affiné)」에 힘을
실으면서 2가지 타입이 공존하게 되었다. 프레는 랑세사의 제품이 맛있다. 2017년에 IGP(Indication
géographique protégée, 지리적 보호표시)를 취득했다. 초보자, 마니아를 불문하고 폭넓게 사랑받는 치즈다.

프레는 기분 좋은 산미와 입안에서 녹는 감촉이 좋으며, 베리나 잼 등의 단맛과 궁합이 좋
다. 프레에 쌉쌀한 파파야나 크랜베리를 넣은 치즈케이크 느낌의 제품이 「페르미에」에서는 기본
적으로 인기가 많다. IGP 규격에서 벗어나기 때문에 브리야 사바랭이라는 이름을 사용하지 못
하지만 말이다. 한편, 나의 오리지널 「와사바랭(IGP도 취득한 와사비와 브리야 사바랭을 조합한 치즈)」(p.106)처
럼 매콤한 맛과도 잘 어울린다. 참치, 고추냉이, 아보카도 등과 프레를 버무려도 좋다.

아피네는 버터처럼 부드럽고 깊은 맛이 나는 안쪽부분을 화이트와인과 섞어 생선요리나 오
믈렛 소스로 사용하면 생크림을 사용했을 때보다 훨씬 더 맛이 깊어진다. 겉껍질은 잘게 다져서
감자 퓌레에 섞어도 좋고 안쪽부분과 함께 소스로 만들어서 으깨면 부드러워진다.

술과의 궁합도 좋은데, 특히 아피네는 와인과 잘 어울린다. 나는 부르고뉴의 샤르도네나 약
간 단맛의 사케, 살짝 걸쭉한 탁주 등과 함께 먹는 것을 좋아한다.

품질 좋은 원유의 여운에 틀림없이 감동한다

모차렐라 디 부팔라 캄파나

Mozzarella di Bufala Campana

이탈리아 ● 물소유

20~800g

딸기 또는 라즈베리를 프라이팬에 살짝 조리고 발사믹 식초로 맛을 내어 차갑게 식힌 후 곁들인다. 올리브유를 첨가해도 좋다. 민트의 청량감이 악센트. 손님접대할 때 전채가 아니라 디저트로 내놓으면 깜짝이벤트가 될 수도.

솔직히 고백하면 나는 똑같은 유제품이라도 요구르트나 우유는 별로 좋아하지 않는다. 그래서 개인적으로 프레시타입의 치즈를 고르는 경우가 적은데, 이 치즈는 각별하다. 부팔라는 물소이다. 즉 물소의 젖으로 만든 남이탈리아 캄파니아 주의 전통적인 치즈로 질 좋은 원유의 풍미와 굉장한 여운에 처음 먹었을 때 정말 감동했다. 이탈리아에서나 일본에서나 우유로 만든 제품은 흔한데 그것은 그것대로 맛있지만, 부팔라도 꼭 시도해봤으면 한다.

모차렐라는 「찢다」라는 의미다. 원유를 데워서 응고제를 첨가해 두부처럼 굳으면 잘게 잘라 훼이(유청) 안에 휴지시켰다가 커드(이탈리아에서는 파스타)라는 생지에 뜨거운 물을 붓고 반죽한 후 떼어내어 성형한다. 이 방법으로 만든 치즈는 「실모양으로 찢어지는 생지」를 의미하는 「파스타 필라타(Pasta Filata)」로 분류되며, 카치오카발로(Caciocavallo), 스카모르차(Scamorza), 프로볼로네(Provolone) 등이 있다. 피자에 사용하는 모차렐라는 가열 탈수시킨 것으로 독일 등에서 만들어진다.

모차렐라 요리라고 하면 카프레세나 복숭아샐러드가 떠오르지만, 부팔라는 딱히 뭘 하지 않아도 발사믹식초와 올리브유를 조금만 뿌려도 충분하다. 과일은 딸기나 라즈베리가 어울린다.

이탈리아 레스토랑에서는 대중적인 사이즈 250g 한 덩어리가 통째로 샐러드와 함께 나와서 깜짝 놀란다. 이탈리아인은 남김없이 접시를 싹 비우는데, 나는 메인요리가 나올 때쯤 이미 배가 불렀다. 그러니 일본인이라면 4명 정도가 나눠 먹으면 딱 좋을지도 모르겠다.

신선할수록 맛있고 시간이 지나면 산미가 강해지니 사두는 것은 바람직하지 않다. 먹을 때는 냉장고에서 꺼내자마자 차가운 상태로 먹기보다는 잠시 상온에 두었다가 먹는 편이 원유의 풍미를 더 만끽할 수 있다. 피자에 토핑으로 올려 굽기에는 아까우니 차라리 구운 다음 얹어서 피자 도우의 열로 향을 더 증가시켜서 먹기를 제안한다.

예로부터 파리에서 사랑받은 치즈의 왕

브리 드 모

Brie de Meaux

프랑스 ● 우유

2.5~3kg, 지름 36~37㎝

노르망디와 브르타뉴에서 만들어지는 사과주 시드르는 흰곰팡이 치즈와 전반적으로 잘 어울린다. 뚜껑을 막 따서 거품이 강한 상태보다 약간 가라앉은 후가 치즈와의 밸런스가 좋다.

흰곰팡이 치즈라고 하면 카망베르가 떠오르겠지만, 파리에서는 브리 드 모가 더 인기가 많다.

브리 지방이라고 불렸던 파리 동쪽에서 샹파뉴까지 그 일대에서 1,000년 이상 전부터 흰곰팡이 치즈가 만들어졌다. 특히 유명한 것이 파리에서 50㎞ 정도 떨어진 모(Meaux) 마을에서 시작된 브리 드 모. 1814~15년 나폴레옹 전쟁 후 개최된 빈 회의의 품평에서 당당히 1위를 차지하면서 「치즈의 왕」으로 불리게 되었다. 마차가 다니던 시절에는 밤에 브리를 실어 옮겼는데, 교통망의 발달과 AOC 치즈가 되면서 점점 인기가 높아져 대량의 우유가 필요했고, 때문에 파리에서 250㎞ 떨어진 뫼즈(Meuse)가 주요 산지가 되었다. 짚 위에서 숙성시키고, 시장에서도 짚과 짚 사이에 넣어 두며, 반으로 자른 치즈의 단면을 보고 품평하던 모습은 이제는 그리운 옛 시절의 모습일 뿐. 위생 관리 측면에서 짚 사용은 금지되었고 농가제품이 사라지면서 거의 공장제가 되었다. 그런 가운데 유일한 농가제가 있다. 와인으로도 유명한 로칠드 집안에서 만든 제품이다. 파리에서 40㎞ 떨어진 곳에 광대한 부지를 갖고 있으며, 소를 키우는 축산농가에서 시작하여 1996년부터 치즈를 만들고 있다. 기품과 강함을 함께 지닌 맛이 매력적이다.

잘라서 판매하는 경우가 많은데, 본래 지름 약 35㎝짜리도 있는 원반형이라는 걸 안다면 놀라는 사람도 많을 것이다. 나무상자에 들어 있는 모양이 그럴싸해서 파티 때는 덩어리 상태로 구매해 나무상자를 쟁반 대신 사용한다면 틀림없이 주목받을 것이다.

검은 송로버섯을 넣은 것이 시판되는데, 합리적인 가격대의 응용메뉴를 소개하자면, 양파와 양송이를 다져서 버터에 볶아 화이트와인을 조금 붓고 수분을 날린 후 식혀서 치즈에 넣는다. 부르고뉴의 샤르도네나 샴페인, 기모토나 야마하이 타입의 사케를 따뜻하게 데워 함께해보자.

브리 드 모와 같은 생산자의 무살균유제품이 베스트 초이스

쿨로미에

Coulommiers

프랑스 ● 우유

약 500g

두부 만들기를 방불케 하는 광경. 루슈
(Louche)라는 국자로 커드를 떠서 틀에
넣는다.

쿨로미에는 모(Meaux)와 가까운 마을의 이름에서 유래한다. 즉 브리 드 모와 생산지가 거의 같고
만드는 방법도 거의 같다. 렌넷으로 응고시킨 후 잘라서 틀에 넣어 훼이(유청)를 배출하고, 모양이
갖춰지면 소금을 뿌리고 흰곰팡이 포자를 뿌린다. 흰곰팡이가 점점 자라면 숙성고에 넣어 몇 주
간 숙성시키면 완성.

다만, 브리 드 모는 무살균유제인데 반해 AOP 제품이 아닌 쿨로미에는 살균유제가 많다.
곰팡이를 사용하지 않는 셰브르는 규모가 작은 농가에서 직접 만든 것이 지금도 많지만, 흰곰
팡이는 관리가 어렵기 때문에 쿨로미에뿐만이 아니라 흰곰팡이 치즈 대부분이 대규모 공장에
서 대량생산되고 있다. 지방 함유량을 높여 부드럽고 먹기 쉽게 만든 것이 많은데, 예를 들어 카
프리스 데 디유(Caprice des Dieux)는 공장제의 시초와 같은 존재다. 프랑스에서도 아이들에게 인기
가 많다(나는 치즈가게 아들이라 취향이 다르지만). 일본에서는 쉬프렘(Suprême), 바라카(Baraka), 생탕드레(Saint
André)가 잘 팔리고 부르소(Boursault), 쿠탕스(Coutances) 등 정말 여러 종류가 있다.

쿨로미에의 사이즈는 규정이 없지만 대체로 500g. 생산량은 적지만 무살균유제도 사실은
있다. 고품질의 브리 드 모를 만드는 회사에서 생산하는 무살균유제 쿨로미에를 선택하면 실패
하지 않을 것이다. 숙성이 되면 끈적끈적해져서 맛있다. 흰곰팡이 치즈 중에서는 그래도 쿨로미
에가 가장 쓰임새가 좋고 질리지 않는 맛이라고 생각한다.

견과류와의 궁합이 좋으므로, 아몬드와 호두를 으깨어 버터를 조금 섞어서 바게트 위에 쿨
로미에 슬라이스와 함께 올려 먹어보자. 흰곰팡이 치즈는 대부분 공통적으로 사과와도 잘 어울
린다. 나는 네팔산 야생 산초를 곁들이는 걸 좋아한다.

어울리는 와인으로는 샤르도네 또는 소비뇽 블랑, 드라이한 시드르 등이 좋다.

전쟁으로 유명해져서 세계가 모방. 하지만 본고장 치즈는 각별한 맛

카망베르 드 노르망디

Camembert de Normandie

프랑스 ● 우유

250g 이상, 지름 10.5~11.5㎝, 높이 약 3㎝

왼쪽_ 카망베르 마을과 이웃한 비무티
에 마을에 있는 마리 아렐(Marie Harel)
의 동상. 처음 세워진 동상의 머리는 노
르망디 상륙작전에서 없어져버렸다. 지
금의 동상은 미국의 치즈공장 사람들의
기부금으로 새로 만들어진 것이다. 머리
없는 동상도 남아 있다.
오른쪽_ 틀에서 빼내어 소금과 곰팡이
포자를 첨가한 예비 숙성 단계. 이후 본
격적인 숙성에 들어간다.

이렇게나 세계적으로 유명하고 시대에 휘둘렸던 치즈는 없을 것이다. 원산지는 프랑스 노르망
디 지방. 오른(Orne)의 마을 이름이 붙여졌다. 18세기 말 프랑스혁명 당시 망명한 브리 지방 출신
의 수도사를 농부였던 마리 아렐이라는 여자가 몰래 숨겨줬을 때 치즈 제조법을 전수받아 탄생
했다고 한다. 제1차 세계대전 때는 병사에게 지급되는 치즈로 채택되었다. 잘라서 나눠줘야 하
는 덩어리 치즈보다 적당한 크기로 나무상자에 들어있는 카망베르가 훨씬 편리했기 때문이다.
병사의 사기를 높이는 디자인의 라벨을 붙이는 등 프로모션도 좋았다. 당시에는 그 지역과 파리
에만 알려졌었는데, 「전장에서 먹었던 그 치즈는 정말 맛있었어.」라는 병사들의 추억과 더불어
평판이 퍼졌다. 카망베르 드 노르망디라는 이름으로 AOC를 취득했지만, 시기가 1983년으로 늦
어진 상황도 세계 곳곳에서 단순히 카망베르라는 이름으로 모방했기 때문일 수도 있다.

노르망디에서는 농가제가 줄고 대형기업의 매수가 진행되었다. 소의 품종에 대한 규정이
없었기 때문에 그때까지의 노르망드 품종에서 유량이 많은 홀스타인 품종으로 바뀌었다. 게다
가 컨트롤이 쉬운 살균유도 인정해달라는 요구가 있었지만, 결과적으로는 무살균유제를 지키게
되었다. 또한 2마리 중 1마리는 노르망드 품종이어야 하고 최소 6개월간 방목해야 한다는 규정
도 들어가게 되었다. 대형기업이 AOP를 반납했기 때문에 현재의 연간 출하량 5,500톤 남짓은
2006년과 비교하면 절반 이하로 격감한 수치다. 나와 형은 어릴 적에 배가 고프면 카망베르를
먹었다. 냉장고에서 훔치기가, 아니 살짝 꺼내기가 편리했기 때문에. 이 치즈는 생산자에 따라
맛이 다르다. 꼭 한번 본고장 카망베르를 먹어보자. 마일드하면서도 풍미가 깊어 시드르와 잘 어
울린다. 시나몬 풍미의 사과 콩포트나 로스트 포크와의 조합도 좋다. 반을 잘라 절반은 그냥 먹
고 나머지는 알루미늄 포일에 싸서 구운 후 퐁뒤로 이용하면 두 번 즐길 수 있다.

무살균유 농가제를 선택하자

샤오스

Chaource

프랑스 ● 우유

대형 450~700g, 틀 지름 11~11.5㎝
소형 250~380g, 틀 지름 8.5~9㎝

샤오스의 산지는 샹파뉴 지방이지만 여러분이 상상하는 유명한 샴페인의 산지는 아니다. 남쪽의 오브 지역과 인접한 부르고뉴 지방 욘의 일부가 AOP 샤오스의 지정 지역이다. 치즈 이름은 마을 이름에서 유래한다.

14세기 무렵부터 만들어졌으며 19세기 파리와 리옹의 거리에서 판매되면서 그 이름이 널리 퍼졌다. 프랑스 굴지의 대농업지대에서 생산되며, 20세기가 되면서 작은 농가는 자취를 감추고 대규모 낙농장에서 만들어지게 되었다. 하지만 1990년대에 4대째 가업을 이어 낙농업과 우유 판매로 생계를 꾸리던 리오넬 도누가 집에서 먹으려고 만들던 치즈를 본격적으로 판매해 보려고 아틀리에를 신설한다. 그렇게 해서 그전까지 공장제밖에 없었던 샤오스에 농가제가 등장하게 되자 일약 유명해졌다. 물론 좋은 맛이 결정타이긴 했지만. 농가제를 고집하는 「페르미에」에서는 바로 그가 만든 제품으로 바꿨다고 한다. 샤오스 전체의 연간 출하량은 2,500톤 정도로 그중 무살균유제가 약 10%인데, 나는 운 좋게도 처음부터 맛있는 샤오스를 먹었던 것이다.

벨벳 같은 흰곰팡이에 싸여 가벼운 산미와 고급스러운 크림의 향이 느껴진다. 천천히 시간을 들이는 산응고 치즈는 결이 곱고 사르르 녹아내리는 느낌이다. 브리야 사바랭은 지방을 첨가하는데, 응고에 걸리는 시간 등 만드는 방법은 비슷하다.

술은 샴페인이나 드라이한 샤블리가 베스트. 드라이한 시드르, 옅은 니고리자케나 드라이한 준마이긴죠 등의 일본술과도 잘 어울린다. 오렌지꿀을 곁들이거나 애호박 등의 채소수프에 넣어도 좋다.

그런데 스펠링이 조금 다르지만, 샤(chat)는 고양이, 오스(ours)는 곰이라는 뜻인데, 샤오스 마을의 문장에 고양이와 곰이 그려져 있다. 샤오스 치즈 협회의 마크에도 사용되고 있어 재미있다.

대중적인 셰브르, 커팅 방법에 일화가

뷔슈 드 셰브르

Bûche de Chèvre

프랑스 ● 산양유

약 250g, 길이 16~18㎝

여기서부터는 산양유로 만든 셰브르 치즈를 소개한다.

셰브르는 일반적으로 산미가 특징인데, 일본에서는 호불호가 갈리는 것 같다. 프랑스에서 신선한 셰브르는 요구르트처럼 먹는 아주 대중적인 음식이다. 내 고향의 시장에서는 프레시타입의 셰브르만을 취급하는 치즈가게가 있을 정도다. 「셰브르는 냄새가 난다」라고 말하는 일본인이 있어서 나는 깜짝 놀랐다. 숙성이 진행된 것은 나름 냄새가 나지만, 워시타입에 비하면 그리 냄새가 강하지 않고, 프레시타입의 셰브르라면 분명 거의 냄새가 없을 것이다.

처음엔 뷔슈 드 셰브르부터 시도해보자. AOP 치즈가 아닌 캐주얼한 제품이다. 다른 명칭으로는 생트 모르 블랑이라고 하는데, AOP 제품인 생트 모르 드 투렌과 헷갈려서 최근에는 구분하여 부르는 경향이 있다. 뷔슈 드 노엘과 마찬가지로 뷔슈는 통나무를 뜻한다. 하지만 사진을 잘 보자. 양끝의 지름 사이즈가 조금 다르다. 틀에서 꺼내기 쉽게 하기 위해서다. 먹을 때는 둥글게 자르는데, 신기하게도 대부분의 사람은 무의식적으로 지름이 좁은 쪽에서부터 자른다. 그런데 치즈를 산양의 유방으로 가정한다면 좁은 부분, 다시 말해 젖이 나오는 쪽을 먼저 자르는 것은 「불길하고 재수가 없다」고 일본에서는 표현하기 때문에 굵은 쪽에서부터 자른다.

지방 함량이 적고 상큼한 맛이 나는데, 냄새에 민감하다면 검정후추를 뿌려보자. 향을 살짝 막아주면서 원유의 풍미는 지우지 않아 맛있게 먹을 수 있다. 딱딱하지 않은 꿀, 베리계열의 잼과도 궁합이 좋다. 빵은 호밀보다는 밀가루로 만든 꿀이 들어간 소프트한 빵이나 말린 과일이 들어간 빵 등이 어울리며, 아침식사로도 좋다. 올리브유, 타임, 로즈메리 등을 섞어 훈제연어롤이나 샌드위치를 만들거나 토마토와 함께 먹어도 좋다.

어울리는 와인으로는 산뜻한 소비뇽 블랑, 스파클링한 니고리자케도 좋다.

짚에 담긴 전통의 긍지. 살짝 눅눅한 향이 베스트

생트 모르 드 투렌

Sainte-Maure de Touraine

프랑스 ● 산양유

약 250g, 길이 16~18cm

왼쪽_ 셰브르 중에서 가장 인기가 많은 이유는 붉은 망토 기사회의 노력이 크다. 매년 6월 첫째 주말에 축제가 열려 마을이 온통 시끌벅적하다. 나도 2013년에 메달을 수여받아 의식을 거행할 때 한 조각의 커다란 치즈와 시농을 마시고 충성을 맹세했다(나는 시농보다는 다른 게 좋았지만…).
오른쪽_ 커드를 넣는 몰드(틀). 구멍에서 훼이가 배출되어 완성품은 사진과 같은 크기다. 추천 요리는 p.140 참조. 나는 마다가스카르산 야생후추를 곁들이는 것을 좋아한다.

10여 년 전부터 AOP 셰브르 중 생산량이 톱인 치즈. 하지만 산양은 소에 비해 유량이 적기 때문에 연간 생산량은 약 1,600톤이다. 농가제 비율이 비교적 높다.

산지는 루아르강 중류 앵드르에루아르의 생트 모르 드 투렌을 중심으로 한 상트르-발 드 루아르 지방. 이 지역은 푸아투-샤랑트 지방(현재 표기는 누벨-아키텐 지방)이나 남부에 버금가는 셰브르의 명산지로, 이 책에 등장하는 몇 종류의 셰브르 외에도 피라미드 모양의 묵직한 「발랑세」와 날씬한 「풀리니 생-피에르」 등도 같은 산지에서 생산된다.

소금에 1~2%의 목탄가루를 섞은 것을 뿌리는데, 숯은 치즈를 잡균으로부터 보호하고 치즈의 수분을 흡수하거나 숙성을 촉진시키는 효과가 있다. 또 다른 특징은 중심을 관통하는 1개의 호밀짚. 이는 치즈가 깨지는 것을 방지한다. 짚은 진품치즈라는 증거로, 하나하나에 번호가 새겨져 있어 생산자를 알 수 있다. 또한, 그 작업은 장애우들이 하고 있다.

숙성기간은 최소 10일. 숙성이 덜 되었을 때는 산미가 있고 푹신푹신한 식감인데, 3주 정도 지나면 표피의 검정색이 회색으로 바뀌고 짠맛과 크리미함이 나타난다. 비가 내린 다음날 숲속을 산책하는 듯한 약간 습한 향이 나면 맛있다는 신호. 한층 더 숙성이 진행되면 건조해지고 풍미가 강해진다.

먹을 때는 먼저 짚을 뽑는데 숙성이 진행되어 잘 빠지지 않을 때는 억지로 빼지 말고 그대로 커팅한다. 뷔슈 드 셰브르와 같은 모양이니 자르는 방법은 같다. 겉껍질도 함께 먹는다.

어울리는 술은 같은 지역에서 생산되는 레드와인이나 시농이 좋다고 하는데, 내 취향은 아니다. 크리미함이 나타날 정도로 숙성되었다면 같은 지역의 약간 달달한 부브레가 좋고, 더 숙성되었다면 드라이한 화이트와인도 좋다.

블루그레이 상태가 딱 먹기 좋을 때, 파리에서 인기 많은 셰브르

셀 쉬르 셰르

Selles-sur-Cher

프랑스 ● 산양유

약 150g, 지름 약 9㎝, 높이 약 3㎝

왼쪽은 소금과 목탄가루를 뿌린 후 2일째, 오른쪽은 8일째의 상태.

생트 모르 드 투렌 다음으로 생산량이 많은 AOP 셰브르는 작은 메달모양의 로카마두르, 그다음 이 셀 쉬르 셰르로 연간 약 1,030톤이 생산된다. 농가제는 제자리걸음이지만, 공장제는 해마다 증가 추세이다. 파리에서 인기 많은 셰브르이다.

산지는 경치가 맑고 아름다운 루아르강 지류인 셰르강 근처. 매년 4월 말에는 기사단의 축 제가 개최된다. 1톤 가까이나 되는 셀 쉬르 셰르를 만들어 기네스 기록을 세웠었다. 이 치즈의 주역은 자캉사의 3대째이자 기사단 단장을 역임했던 파스칼 자캉. 현재는 아들 로맹 자캉이 이 어받았으며, 2014년에는 기사단과 함께 일본을 방문해 성대한 수여식을 개최하였다. 기사단의 망토는 생트 모르의 붉은색과 대비되는 푸른색과 노란색으로 멋있다. 수여식에서 어깨를 두드 리면서 루슈라고 불리는 커다란 국자를 사용하는 것도 흥미롭다.

모양은 카망베르처럼 생겼지만, 위가 조금 좁고 아래가 퍼져 있다. 표면에는 목탄가루를 섞 은 소금이 뿌려져 있고, 맛은 짠맛이 강한데, 가운데 중심은 산미가 있다. 혀에 닿는 감촉은 크리 미한 것보다는 섬세한 느낌이다. 표면이 블루그레이를 띠고 건조한 느낌이 들면 먹을 때가 되었 다는 신호. 염분이 완화되어 은은한 단맛과 헤이즐넛과 같은 깊은 맛이 느껴진다.

프레시한 상태일 때는 베리계열이나 자두잼을 곁들이면 좋다. 조금 더 숙성된 것에는 무화 과잼을. 무화과잼은 대부분의 셰브르에 잘 어울린다. 생과일은 물기를 완전히 제거하지 않으면 치즈의 농후함과 밸런스가 맞지 않으므로 농축된 잼이 더 궁합이 좋다. 반건조 무화과는 치즈와 함께 입에 넣지 말고 입가심으로 나중에 먹자. 달게 먹는 것이 싫다면 검정후추를 추천한다. 술 은 루아르의 화이트와인이 좋은데, 숙성도에 따라 와인도 드라이한 것을 선택한다.

빵에 얹어서 타르틴으로, 또는 볶은 채소를 접시에 담고 치즈를 얹어 오븐에 구워도 좋다.

마 일 드 계 열 치 즈

Fromages doux

피노 데 샤랑트와의 절묘한 마리아주

샤비슈 뒤 푸아투

Chabichou du Poitou

프랑스 ● 산양유

약 120g

왼쪽_ 애교가 많아 나도 모르게 껴안고 싶은 알파인종 산양.
오른쪽_ 피노 데 샤랑트는 미발효 포도과즙에 코냑을 블렌딩하여 숙성시킨 주정강화와인의 일종인 뱅 드 리큐르. 레드와 화이트 모두 OK.

눈을 감고 천천히 음미해보자. 세브르 치고는 산미가 적고 부드러움과 함께 원유의 단맛, 버터향, 건초향도 느껴진다. 내가 시부야점에 근무했을 당시 이 치즈를 좋아하는 고객을 많이 확보한 실적이 있다.

작은 오크통 뚜껑모양인데, 일본에는 주로 노르스름한 하얀 껍질의 프레시한 것이 들어오지만, 숙성이 진행되면 회색이나 푸른색 곰팡이에 둘러싸인다. 프랑스에서는 새파란 것도 판매되는데, 거기까지 진행되면 맛이 갇혀서 식감은 무르고 응축된 맛으로 변한다. 구매 후 비교적 보존성이 긴 치즈이지만, 물크러지면 안 좋은 냄새가 나므로 전문점에서 포장해준 치즈 전용 페이퍼로 싸서 보관한다. 이것은 이 치즈뿐만 아니라, 세브르 전체에 해당된다.

산지는 푸아투샤랑트 지방(현재 표기는 누벨아키텐 지방)이다. 8세기에 침입한 사라센 군과 전쟁이 있었는데 사라센인이 데려온 산양을 남겨 두고 철수했다. 「샤비슈」는 아라비아어로 산양을 의미하는 「셰블리」에서 유래한다. 연간 생산량은 400톤 정도이며 농가제는 10%. 이 지역에는 의외로 대형 유업회사가 많고, 샤비슈는 살균유제로도 AOP 명칭을 쓸 수 있다. 하지만 역시 농가제가 맞있다. 그중에서도 폴 죠르쥘레는 그야말로 실력 있는 아티스트다. 일단 치즈 얘기가 시작되면 그칠 줄 모른다.

바삭하게 구운 빵에 얹어서 핑크페퍼를 뿌리거나, 반건조 자두를 다져서 올려도 맛있다. 와인은 소비뇽 블랑 또는 남쪽에 인접한 보르도의 약간 달달한 화이트와인. 푸아투는 코냑 산지인데 알코올 도수가 높아 치즈 식감과의 균형을 생각하면 잘 어울리지 않는다. 그보다는 코냑이 블렌딩된 피노 데 샤랑트와의 마리아주가 최고! 알코올 도수는 17도로 달고 살짝 걸쭉함도 있어서 이 술과 치즈만으로도 식전이든 식후든 충분히 즐길 수 있다.

마 일 드 계 열 치 즈
Fromages doux

주먹밥이 연상되는 모양에 소박한 식감

크로탱 드 샤비뇰

Crottin de Chavignol

프랑스 ● **산양유**

60~90g

왼쪽_ 상세르 언덕의 기슭, 포도밭에 둘러싸인 작은 마을 샤비뇰.
오른쪽_ 바게트에 머스터드를 바르고 슬라이스한 샤비뇰을 얹어 취향에 따라 꿀 첨가도. 검정후추와 로즈메리를 뿌려 오븐토스터에 구운 「셰브르 쇼」.

셰브르 치즈에서 유명한 것 중 하나. 그도 그럴 것이 과거 AOC 셰브르 중에서 생산량이 톱이었다. 최근에는 감소하는 추세로 연간 약 820톤. 하지만 농가제는 큰 변동이 없는 상태로 계속 만들어지고 있다. 이름도 기억하기가 쉽다. 크로탱의 의미는 도자기 램프의 이름이라고도 하고, 말똥이라는 등 여러 가지 설이 있다.

산지는 와인으로 유명한 상세르. 광활한 포도밭 한가운데에 있는 언덕이 상세르 마을로 그 주변 밭에 있는 마을 중 하나가 샤비뇰 마을이다. 산양이라고 하면 보통 하얀 산양을 떠올리지만, 이 치즈의 원유를 주는 산양은 갈색 알파인 품종이다. 예전에는 어느 농가에서나 산양을 키우고 치즈를 만들었다. 지금도 와인과 치즈 두 가지 모두를 만드는 농가도 있지만, 조금씩 분업화가 이루어지고 있다.

이 치즈의 특징은 커드를 망가뜨리지 않게 천천히 틀에 넣는 것이 아니라, 일단 포대에 넣고 대충 훼이를 뺀 후 주걱으로 틀에 넣는 방법이다. 틀에서 뺀 후 숙련된 여성들이 마치 주먹밥을 만들 듯이 소금을 싹 뿌리고 조물조물 모양을 잡아간다. 그런데 이 일을 하는 사람이 점점 줄어들어 기계화가 진행되고 있다. 예전에는 가운데가 약간 부풀어 오른 귀여운 모양이었는데 지금은 멋이 조금 없어졌는지도 모른다. 일본의 주먹밥 가게도 비슷한 상황인 듯!

훼이를 처음부터 제거하므로 완성품은 퍼석한 식감. 직접적으로 신맛이 느껴진다. 그대로도 좋지만, 코코트(내열냄비)에 넣어 올리브유를 뿌리고 허브를 얹어서 오븐에 구운 후 빵에 찍어먹어도 맛있다. 머스터드와의 궁합도 좋다. 시간이 지나서 짠맛이 나오면 갈아서 샐러드에 넣기도 한다.

와인은 역시 같은 지역의 상세르 소비뇽 블랑이 어울린다. 일본술 니고리자케도 좋다.

해마다 줄고 있는 농가제의 맛을 알리고 싶다

피코동
Picodon

프랑스 ● 산양유

60g 이상, 지름 5~7㎝, 높이 1.8~2.5㎝

크로탱과 마찬가지로 이름이 약간 독특한 발음의 치즈다. 현지 홈페이지에는 프랑스 남부 오크어(프로방스어)인 피코(작다)에서 유래했다고 쓰여 있다. 그러고 보니 손바닥 안에 딱 들어가는 사이즈로 과자 같은 귀여운 모양이다. 하지만 「페르미에」의 혼마 씨에 따르면 「피캉(Piquant, 맵고), 두(Doux, 달다)」라는 의미라고 하니, 예전에는 그랬었는지도 모르겠다. 숯가루를 뿌리지는 않는데 허브향이나 풀이 약간 탄 듯한 향이 느껴진다.

고향은 론 강을 끼고 동쪽의 드롬과 서쪽의 아르데슈로, 예전에는 피코동 드 라 드롬과 피코동 드 라르데슈로 나누어 불렀었다. 드롬 지방의 디외르피트라는 마을에는 딱딱해진 피코동을 씻어서 먹는 「피코동 디외르피트」라는 것이 있다. 겉모양은 좋지 않지만 먹어보면 의외로 맛있어서 깜짝 놀란다. 피코동의 연간 생산량은 520톤에 못 미치는 정도. 그중 농가제는 20%가 안 되고 해마다 줄어들고 있다.

대부분 셰브르의 원유는 살균하지 않는데, 피코동은 무려 2/3가 살균유제다. 피코동협회는 농가제의 맛을 알리기 위해 매년 2월 파리에서 개최하는 농업축제에 참가한다. 프랑스 사람이라면 보통 한 번에 약 6개를 구매한다.

그런데 피코동과 모양이 비슷한 「펠라동」이라는 치즈는 이름마저도 왠지 비슷한데, 피코동이 훨씬 더 조직이 찰지고 제대로 된 맛이다. 한편, 펠라동은 부드럽다. 먹을 때는 잠시 상온에 두었다가 검정후추를 톡 뿌려서. 현지에서는 올리브유를 뿌려 먹는 사람이 많다. 빵가루를 묻혀 올리브유에 구우면 쫀득쫀득해져서 또 다른 맛을 즐길 수 있다. 생햄에 말아서 구워도 좋고, 바게트나 호두빵으로 샌드위치를 만들어도 좋다. 어울리는 와인으로는 같은 지역에서 생산되는 화이트와인 생-조셉을 추천. 벌꿀 같은 향이 피코동과 잘 어울린다.

뉴페이스 치즈는 행운의 네잎클로버 모양

트레플
Tréfle

프랑스 ● 산양유

약 130g

대부분의 프랑스산 치즈는 오랜 역사를 지니고 있는데, 트레플은 2005년에 탄생하여 역사가 짧다. 트레플이란 클로버를 의미하며, 행운의 상징인 네잎클로버 모양이다.

산지는 노르망디이지만 카망베르, 퐁 레베크, 리바로 등이 있는 칼바도스에서는 먼 내륙부 오른의 페르슈 지역으로, 과거 백작령이었다는 아름다운 전원 풍경이 펼쳐져 있다. 노르망디에서는 산양유제 치즈가 주목받지 못해 그냥 집에서 먹었지만, 앙드레 르라가 결혼하면서 낡은 농가를 구입해 부인과 치즈 제조를 시작했다. 10년 정도 시행착오를 거친 끝에 바질을 넣은 「바질우(Basilou)」를 발매했는데 대히트를 쳤다. 그 다음으로 개발한 것이 트레플이었다. 그의 오리지널 제품이지만 근린 농가에도 제법을 전수해 총 7곳의 생산자가 탄생했다. 독점하지 않았던 이유는 「생산자가 많아지면 네잎클로버 모양의 틀 가격이 싸지기 때문」이었다고 한다. 그의 넓은 마음 씀씀이에 감탄하지 않을 수 없다. 르라 씨가 치즈를 들고 파리의 치즈가게를 찾아가 판매한 결과, 생산량이 조금씩 증가해 지금은 어느 가게에서든 볼 수 있는 치즈가 되었다.

표면에는 목탄가루가 섞인 소금이 뿌려져 있으며, 무살균유 특유의 풍부하고 크리미한 맛과 더불어 신맛과 짠맛의 조화가 좋고, 은은한 풀향도 난다. 식감은 진한 초콜릿 케이크와 비슷하다. 르라 씨의 친절함이 느껴지는 맛으로 숙성도에 따라서도 맛의 차이를 즐길 수 있다.

그대로 먹어도 좋지만 요리에도 사용할 수 있는 타입으로, 연어와 조합하거나 견과류를 잘게 부수어 치즈 사이에 끼워 먹어도 맛있다. 향신료나 허브, 새우 등과 함께 춘권피 등에 싸서 사모사(채소와 감자를 넣고 삼각형으로 빚어 기름에 튀긴 인도식 만두)처럼 튀기면 치즈가 살짝 녹는다.

술과의 마리아주는 같은 지역에서 생산되는 포모 드 노르망디 또는 드라이한 시드르를 추천한다. 레드와인과는 맞지 않는다.

질리지 않는 맛의 만능치즈의 키워드는 「유대감 연대」

콩테
Comté

프랑스 ● 우유

32~45kg, 지름 55~75㎝, 높이 8~13㎝

왼쪽_ 거대한 콩테 프레젠테이션. 엄격한
품질검사를 통해 20점 만점 중 12점 이상
은 갈색, 14점 이상은 녹색 카우벨 마크를
측면에 붙여준다. 총 생산량 중 약 5%가
불합격되어 프로세스치즈 원료로 사용.
오른쪽_ 머스터드를 바른 바게트에 햄과
콩테를 넣은 샌드위치. 숙성이 덜 된 콩테
는 여러 요리에 활용할 수 있으며 검정후
추, 라벤더꿀, 말린 베리류, 또는 쌈장이나
김치 등과도 어울린다. 술은 오크통 숙성
을 하지 않은 샴페인이나 니고리자케, 하
이볼 등과 잘 맞는다.

모든 치즈에 애정이 있는 나로서는 어떤 치즈를 가장 좋아하느냐는 질문에는 답하기 곤란하지

만, 어렸을 적 콩테와 오쏘 이라티를 특히 좋아했다. 만약 무인도에 딱 하나만 가져가라면 망설

임 없이 콩테를 선택할 것이다. 영양 균형이 좋고 염분은 적어 매일 먹어도 질리지 않는 맛이고,

또, 치즈 1개가 40kg 전후여서 꽤 오래 살아남을 것 같기도 하다. 물론 어떻게 운반하느냐가 문

제겠지만. 그러고 보면 대형 산악치즈를 만드는 사람들은 모두 굉장히 굵은 팔뚝을 가졌고 손가

락에도 근육이 붙어 있다. 나도 꾸준히 복싱도 하고 저장고에서 치즈를 꺼냈다 넣었다 하면서 꽤

단련했는데도 아직 부족하다. 콩테 산지는 프랑슈콩테 지역의 쥐라산맥 동쪽 일대로 연간 생산

량은 약 6만 톤. AOP 치즈 중에서도 압도적 1위다. 그리고 이 치즈를 말할 때 빼놓을 수 없는 키

워드가 있다. 바로 「연대(連帶)」라는 단어. 눈에 파묻혀 지내는 긴 겨울을 나려면 저장식량으로 치

즈를 커다랗게 만들 필요가 있었다. 그래서 낙농업자들이 조합을 구성하고 모두 협력하여 원유

를 모아 치즈를 만들어 분배했던 역사가 13세기부터 시작되었다.

　1개의 콩테 제조에 필요한 우유는 약 450ℓ. 대부분 적갈색과 흰색으로 이루어진 몽벨리아

르드 품종의 소에서 착유된다. 낙농가의 삶을 지키기 위해 우유가 적정 가격에 매입되는 것도 모

두 연대 덕분이다. 치즈는 약 150곳의 공방 「프뤼이티에」에서 만들어진다. 이 단어는 과수원이

라는 의미도 있지만, 여기서는 연대에 의한 「성과」란 뉘앙스가 크다. 3주 정도 숙성시켜 16개의

숙성고에 옮기고 아피뇌르(숙성기술자)가 소금물로 닦아가면서 에피세아 나무선반에서 최소 4개월

간 숙성시킨다. 지금은 일 년 내내 만들어지고 있으며 숙성 기간도 다양하지만, 가장 짧은 숙성

표준은 8개월이다. 순한 맛으로 만인에게 사랑받고 가격도 적당해서 요리에도 아낌없이 사용할

수 있다. 숙성치즈에 관한 자세한 내용은 p.126에서 설명하겠다.

고양이털 치즈는 실제로 농가제 넘버원

생 넥테르

Saint-Nectaire

프랑스 ● 우유

1.85㎏ 이하, 지름 20~24㎝, 높이 3.5~5.5㎝

왼쪽_ 농가제 카제인 마크가 보이는 숙
성 전의 것.
오른쪽_ 고양이털이 생긴 숙성과정 상
태. 이 털을 손으로 어루만지는 작업을
반복하면 조금씩 곰팡이가 정착하여 개
성 강한 색이 된다.

오베르뉴 지방의 산악지대에서 만드는 생 넥테르. 치즈 이름은 마을 이름에서 유래한다. 르블로
숑과 더불어 프랑스인이 매우 좋아하는 치즈. 현지에서는 약 1.5kg⁽¹개⁾의 절반을 구매하는 사람
이 많다. 이 치즈는 특히 농가제와 공장제의 맛 차이가 큰데, 이 책에서 소개하는 것은 농가제이
다. 공장제는 맛이 순해서 먹기 편하고 라클레테(라클레테 치즈를 녹여 나이프로 긁어먹는 요리)나 그라탱 등
의 요리에도 적합하지만, 두근두근 설렐 정도는 아니다. 농가제야말로 매혹적인 맛이다.

우유제 AOP 치즈의 연간 출하량에서 콩테가 단연코 선두이고, 2위는 르블로숑으로 약
16,000톤, 근소한 차이로 3위가 생 넥테르인데, 농가제로 범위를 좁히면 콩테는 순위에 없다. 르
블로숑은 2,000톤이 조금 안 되는 정도인데, 이에 비해 생 넥테르는 7,000톤 이상으로, 이 수치
는 유럽 전체에서도 톱을 자랑한다.

무살균유를 압착해서 만든 치즈를 최소 28일간 숙성시킨다. 중간에 소금물로 닦고 표면을
문지르는 작업이 있다. 하얀 치즈는 차츰 회색의 무코르(털곰팡이)가 핀 상태로 바뀌는데, 그 모습
을 「고양이털」로 표현한다. 완성물의 껍질에는 회색뿐 아니라 오렌지색 등 여러 색이 섞여 있다.
농가제는 타원형, 공장제는 정사각형으로 녹색 카제인 마크가 붙어 있는데, 곰팡이색 때문에 농
가제 마크가 거의 보이지 않는다. 왠지 꼬질꼬질한 느낌의 촌스러운 외관(역시 이 껍질은 먹지 않는 편이
좋다)이지만 속은 노란빛으로 아름답다. 탄력 있고 버터향이 나며 원유의 맛이 확 퍼지면서 버섯
이나 헤이즐넛과 같은 풍미도 느낄 수 있다.

냉장고에서 막 꺼낸 것은 산미가 있으므로 상온에 잠시 두는 것이 좋다. 치즈를 바게트에
얹은 타르틴이 심플하면서도 정말 맛있고 살짝 구워도 좋다. 와인은 레드가 어울리는데 같은 지
역에서 생산되는 피노 누아나 보졸레를 추천한다. 흑맥주도 괜찮다.

요리에 폭넓게 사용, 더 널리 보급되었으면 좋겠다

캉탈
Cantal

프랑스 ● 우유

대형 35~45kg, 틀 지름 36~42cm
소형 8~10kg, 틀 지름 20~22cm

왼쪽_ 마치 소가 강아지처럼 보일 정도로 광활한 오베르뉴의 대지.
오른쪽_ 장기 숙성시킨 캉탈 비유. 오렌지빛 노란색으로 질감은 약간 무르고 탄 버터와 같은 농후한 풍미가 있다. 신맛은 떫은맛으로 바뀌고 찌릿한 발포감도 있다.

프랑스에서 가장 역사가 오래된 치즈는 로크포르, 브리, 그리고 캉탈이다. 고향은 생 넥테르와 같은 오베르뉴 지방으로 출하량도 거의 같다. 캉탈이라는 이름은 토지 명칭이다. 다만, 생 넥테르와 같은 농가제는 매우 적고, 같은 방법으로 만들어진 농가제는 「살레(Salers)」로 판매되고 있다. 살레의 생산 기간은 4월 15일~11월 15일까지라는 AOP의 규정이 있는데, 캉탈은 AOP 제품이면서도 한정되지는 않는다. 또한, 하나 더 같은 부류로 「라귀올(Laguiole)」이 있는데 출하량은 적지만, 숙성시키기 전의 것이 「톰 프레슈(Tome fraiche)」로 판매되고 있다. 매시트포테이토와 함께 만드는 떡처럼 늘어나는 향토요리 알리고(오베르뉴의 치즈와 마늘을 으깨서 만든 감자)에도 빼놓을 수 없다. 베이컨, 감자, 마늘을 볶은 트루파드라는 요리에도 톰 프레슈가 사용된다. 캉탈이나 살레도 마찬가지로 숙성 전의 것을 톰 프레슈로 판매하고 있다.

영국의 체더치즈는 「체더링」 제법으로 유명한데, 그 원형은 캉탈에 있다고 한다. 본고장에서는 데일리 치즈로 매우 사랑받고 있으며, 일본에서도 널리 알려질 만도 한데, 소박한 외관 탓인지 주류는 아닌 것 같다.

숙성도에 따라 30~60일은 「캉탈 젠느(Cantal jeune)」, 90~210일은 「캉탈 앙트레 두(Cantal Entre-deux)」, 240일 이상은 「비유(Vieux)」라고 한다. 「페르미에」에서는 앙트레 두를 취급한다.

콩테처럼 탄력 있고 부드러운 질감이 아니라 캉탈은 퍼석하다. 원유와 견과류의 풍미, 은은한 산미가 있어서 먹기 편하고 요리에도 폭넓게 사용할 수 있다. 함박스테이크, 연어그라탱, 감자퓌레(머스터드를 첨가), 구제르(치즈를 넣은 파이), 소시지와 함께 메밀가루로 만든 갈레트, 구운 식빵이나 바게트에 로스햄이나 로스트비프와 머스터드를 함께 얹은 샌드위치 등에 사용한다. 레드와인과 잘 맞는 치즈다.

치즈 커팅 방법은
배려심의 증거

레스토랑이나 호텔 연회 등에서는 서비스하는 사람이 깔끔하게 잘라서 나눠주지만, 프랑스의 일상 가정에서는 몇 종류의 치즈를 덩어리째 그대로 쟁반에 놓고 각자 먹을 만큼 잘라 자신의 접시에 담고 옆사람에게 넘긴다. 치즈는 껍질과 속, 가장자리와 중심의 맛이 다르기 때문에 한입에 골고루 먹을 수 있고, 모두가 똑같이 맛볼 수 있게 자르는 것이 무엇보다 중요하다. 자기 접시에는 속만 담고 다른 사람에게는 껍질만 준다면 공평하지 못하다. 즉 치즈를 커팅하는 방법으로 그 사람의 친절과 매너를 알 수 있다.

흰곰팡이나 워시 타입 등 원형 또는 사각형의 덩어리 치즈는 피자처럼 중심에서부터 삼각형으로 자른다 **a**. 껍질은 그 치즈의 신분증과 다름없으니 떼어내지 말고 함께 먹자.

셰브르는 모양이 여러 가지인데 원통형 치즈는 통썰기를 하고, 윗부분이 잘린 피라미드형 발랑세는 중심에서부터 방사형으로 자른다.

푸른곰팡이나 하드 타입 등 대형치즈는 보통 그램(g) 단위로 구매한다. 푸른곰팡이는 중심에 많이 피어 있고, 맛이 강하므로 수직으로 약간 가늘게 슬라이스 하고, 가장자리는 대각선으로 잘라 가능한 한 곰팡이의 양이 균등해지도록 주의한다 **b**. 하드타입은 씹으면 향을 느낄 수 있으므로 살짝 두께가 있는 스틱상태로 자르고, 모서리는 껍질만 있는 상태가 되지 않도록 푸른곰팡이와 마찬가지로 대각선으로 자른다 **c**. 샴페인과 조합할 때는 고급스러워 보이도록 좀 더 얇게 자르는 것이 좋다.

냉장고에서 막 꺼낸 치즈는 차가워서 단단해진 상태라 워시타입의 향이나 푸른곰팡이타입의 짠맛, 매운맛 등이 강해 맛을 제대로 느낄 수 없다. 그러므로 10~15분 정도 상온에 두었다가 먹는다. 그때 푸른곰팡이타입은 키친페이퍼로 싸서 매운맛을 포함한 여분의 수분을 없애는 것이 요령이다 **d**. 하드타입은 상온에 오래 두면 물방울이 맺히므로 그 전에 먹는 것이 좋다.

Fromages corsés

펀치 계열 치즈

매콤한 맛, 강한 짠맛, 임팩트 있는 향, 섬세하거
나 농후한 맛 등 개성 강한 펀치 계열 치즈. 주로
워시, 푸른곰팡이, 양유 치즈가 해당되는데 마일
드 계열 치즈가 숙성되면 여기에 속하게 된다.

흰곰팡이타입 같지 않은 가을향의 어른스러움

브리 드 멀룅

Brie de Melun

프랑스 ● 우유

1.5~1.8kg, 27~28cm

브리 드 모보다 역사가 오래된 브리 드 멀룅을 지키고 발전시키기 위해 1994~5년에 결성된 브리 드 멀룅 기사단. 그 기사단의 마크가 디자인된 패키지. 매년 10월에는 성대한 축제를 열고 품평회를 실시한다.

같은 일드프랑스 지역의 흰곰팡이 치즈라는 점에서 브리 드 모, 브리 드 멀룅, 쿨로미에를 「브리 삼형제」라고 부르지만 그렇게 생각하지 않는다. 굳이 말하자면 사촌 사이? 특히 멀룅은 맛이 많이 다르고 개성이 강하다. 크기는 브리 드 모와 쿨로미에의 중간으로 약 1.5kg, 지름 약 27cm. 숙성 기간은 브리 드 모가 4~8주인데 브리 드 멀룅은 4~12주로 길고, 겉껍질은 브리 드 모보다 더 갈색이다. 맛은 양송이버섯이나 지롤(노란야생식용버섯)처럼 「가을향」이 나며 복합적이고 진하다. 중심에 약간 심이 생길 정도로 숙성되었을 때가 가장 맛있는데 숙성이 지나치면 암모니아 냄새가 난다.

30년 전에 한차례 생산량이 급격히 줄면서 멀룅 시와 관계자들이 반격에 나섰지만, 현재도 생산농가는 5곳 정도이고 연간 생산량은 269톤으로 브리 드 모의 1/20 이하다.

술은 브리 드 멀룅의 힘과 대등하게 어울릴 수 있는 풀바디의 풍부한 레드와인이 잘 어울린다고 일반적으로 말하지만, 나는 흑맥주나 진한 샤르도네 또는 기모토 타입의 니혼슈를 추천한다. 호밀빵 또는 바삭한 바게트만을 곁들여서 천천히 즐기는 그런 어른스러운 분위기에 어울리는 치즈다. 요리에 이용한다면 버섯요리나 오믈렛에 사용해보자.

그런데 혹시 「브리 누아」를 아는가? 베이스는 브리 드 멀룅과 브리 드 모이고, 일반적인 숙성 상태에서 조금 더 숙성시킨 것으로, 글자 그대로 흰곰팡이가 검게 변한 것이다. AOP 규격에서 벗어나기 때문에 브리 드 모나 멀룅이라는 이름을 붙일 수는 없지만, 일본에도 소량 들어오고 있다. 오랜 숙성에도 신기하게 흰곰팡이가 치즈 특유의 암모니아 냄새가 없고, 수분이 날아가 1kg 정도로 되었음에도 촉촉함이 남아 있다. 호두 같은 감칠맛, 살라미 같은 짠맛과 고소함이 있으며, 한방은 있지만 끈질기게 끌고 가지 않아 기분 좋은 여운이 남는다. 살짝 구워서 지비에 사슴고기에 토핑해보니 마치 내 자신이 브리 누아 안에 있는 듯한 기분이 들었다.

겨울의 인기 스타, 스푼에서 떨어지지 않을 정도의 농도가 이상적

몽 도 르

Mon d'Or

프랑스 ● 우유

480~600g, 700~800g, 2~3.2kg

굳이 퐁도르(몽 도르 치즈를 사용한 치
즈 퐁뒤)를 만들지 않고도 삶은 감자에
얹기만 하면 OK. 몽 도르는 후추와의 궁
합이 좋고, 꿀이나 잼 등의 단맛과는 어
울리지 않는다.

크리스마스 파티에는 몽 도르. 유럽에서도 일본에서도 인기가 많다. 제조는 8월 15일~3월 15
일, 판매는 9월 10일~5월 10일로 정해져 있는데 겨울철에 모두 팔린다. 내가 어렸을 적 크리스
마스 음식이라면 푸아그라 테린, 닭새우 샐러드, 훈제연어 등이 있었고, 치즈는 물론 여러 메뉴
가 식탁에 올랐지만 몽 도르를 먹는 습관은 그때까지 없었다. 게다가 리스테리아균 식중독 문제
가 발생해서 1988년에 수출이 금지되었다가 95년도에 풀렸다. 그러므로 그 이후의 트렌드이다.

몽 도르는「황금의 산」이라는 뜻으로, 산지인 쥐라 지방에 위치한다. 스위스와 인접해 있으
며 스위스에서는「바슈랭 몽 도르」가 생산되고 있다. 프랑스산은 무살균유, 스위스산은 살균유
라는 차이가 있고, 일본에 들어오는 것은 프랑스산의 작은 사이즈가 대부분이다.

쥐라 지방에서는 우유를 대량으로 모아 콩테를 만드는데, 겨울철에는 산에 눈이 쌓여 운반
이 어렵고 착유량도 줄기 때문에 대신 몽 도르가 만들어졌다. 옛날에는 바슈랭 몽 도르를「상자
치즈」또는「나무 치즈」등으로 불렀다. 에피세아 나무의 껍질로 치즈를 감싸 소금물로 닦아가면
서 에피세아 선반에서 최소 21일간 숙성시켜 에피세아 상자에 넣어 출하한다. 부드러운 치즈를
고정시키는 틀로서의 역할은 물론이고 나무향이 치즈에 베어 그야말로 나무 치즈다.

스푼으로 떠서 바게트나 캉파뉴에 발라서 먹는다. 아! 여기서 내가 꼭 하고 싶은 말이 있다.
「몽 도르 = 흐물흐물」은 오해다. 스푼으로 떠서 뒤집었을 때 떨어질 듯 떨어지지 않을 정도의 농
도가 단연코 맛있다.

절반 정도 떠먹은 후에 화이트와인과 마늘을 넣고 오븐에 녹이면「퐁도르」가 완성된다. 감
자나 소시지를 찍어서 먹는다. 프랑스에서는「부아트 쇼(뜨거운 상자)」라고도 한다. 술은 쥐라 지방
의 뱅 존도 좋고, 나무통에서 숙성시킨 다루자케와도 잘 어울린다.

워시타입의 대표주자, 가운데 속은 의외로 순하다

뮝스테르

Munster

프랑스 ● 우유

대형 450g 이상, 지름 13~19㎝, 높이 2.4~8㎝
소형 120g 이상, 지름   7~12㎝, 높이 2~6㎝

7세기경 알자스 지방 보주산맥의 뮝스테르 계곡에서 수도사들이 만들면서 시작되었다고 한다. 현재 AOP 규정에는 산맥의 동서에서 만든다고 하는데, 서쪽 보주지역의 것은 마을이름을 따서 뮝스테르 제로메라고 한다. 450g 이상의 대형과 120g 이상의 소형 2종류로 나뉘는데 대형은 800g이나 되는 것도 있다. 숙성기간은 대형의 경우 최소 21일, 소형은 14일. 프랑스의 워시타입 AOP 치즈 중에서는 가장 많이 생산되고 있으며, 연간 약 6,300톤이다. 그중 농가제는 약 9%. 무살균유로 만들어진 농가제 뮝스테르는 생산자의 개성에 따라 매우 매력적인데, 균 검사나 품질 유지 등의 측면에서 수입하기에는 리스크가 커 일본에는 일부 제품만 들어온다.

　분홍빛이 도는 오렌지색으로 끈적끈적한 표피와 워시타입 특유의 한방 있는 자극적인 향 때문에 먹어보지도 않고 싫어하는 사람이 있을지도 모른다. 사실 비밀인데 나는 아직까지도 낫토를 잘 못 먹는다. 그래서 그런 마음을 이해 못하지는 않지만, 그래도 여러 차례 낫토를 먹어보려고 시도는 했으니 먹어보지도 않고 싫어하는 게 아니라, 실타래처럼 끈적끈적 늘어나는 것에 도저히 익숙해지지 않을 뿐이다(뮝스테르의 껍질도 마찬가지 아니겠냐고 하겠지만).

　향 때문에 이렇게 맛있는 치즈를 먹지 않는 것은 인생에서 손해다. 사람이 보여지는 겉모습과는 다르듯이 치즈도 마찬가지. 껍질에 비해 속살은 의외로 부드럽다. 특히 숙성이 덜 된 것은 밀키해서 라즈베리잼과 함께 아침식사로도 좋고, 주사위모양으로 잘라서 샐러드에 넣어도 좋다. 최상의 숙성은 끈적끈적한 상태가 아니라 적당히 탄력 있는 상태다. 기본적으로 캐러웨이씨나 커민씨를 곁들여보자. 약간 달고 과일향이 나는 준마이슈, 같은 지역에서 생산된 리슬링, 게뷔르츠트라미너와 잘 어울린다. 숙성이 더 진행되면 약간 쓴맛이 나므로 검정후추를 뿌리거나 필스너 맥주와 함께 마시면 좋다. 호밀빵 타르틴, 감자와 함께 먹거나, 그라탱과 라클레테 등의 요리에도 좋다.

술과의 궁합이 뛰어나다. 특히 니혼슈!

랑그르
Langres

프랑스 ● 우유

150~250g, 틀 지름 7~8㎝(대형도 있음)

오래된 양철 몰드. 커드를 흘려 넣은 후
수분을 제거하는 형태. 나중에는 스테인
리스 재질로 바뀌었고, 현재는 플라스틱
을 사용한다.

윗면이 우묵하게 들어간 모양이 특징적이어서 구분하기 쉬운 랑그르. 180g 정도의 소형 사이즈
가 표준인데, 때때로 1kg에 가까운 대형 치즈도 있다. 프랑스 북동부 샹파뉴아르덴 지방(현재 그랑
테스트 지방)의 랑그르에서 탄생했다. 중세시대 치즈 숙성 과정에서 반전 작업을 깜빡하여 퐁텐(샘)
이라고 불리는 구멍이 생겼는데, 그것을 계기로 그 모양을 랑그르의 개성으로 삼아 이어왔다. 그
런데 현재 제조하는 곳이 3곳밖에 없으며 연간 생산량은 약 600톤이다.

　원래 치즈는 뒤집어주는 반전 작업을 하지 않으면 숙성이 어렵다. 치즈를 균일하게 숙성시키
는 것은 치즈 장인에게는 중요한 일인데, 굳이 우묵한 구멍을 만들어야 하는 독특한 랑그르는 바
닥 부분을 건조시키기 위해 옆으로 눕히는 등 많은 신경을 써야 한다. 표피를 식물색소 아나토가
섞인 소금물로 세척하는데 일일이 닦으려면 상당한 시간이 걸리기 때문에 최근에는 샤워기를 이
용한다. 오렌지빛 갈색으로 숙성되면 주름이 생기는데 잘라보면 속은 하얗고 결이 고와서 나이프
가 쑥 들어간다. 입안에서 녹는 감촉이 좋고 숙성되어도 물컹물컹하지 않아 제공하기 편한 치즈
다. 나는 맛을 더 증가시키려고 오드비의 마르 드 샹파뉴로 표피를 닦은 후 추가로 숙성시킨다.

　숙성이 덜 된 상태에서는 베리계열의 잼이나 해바라기꿀을 곁들이면 맛있다. 숙성이 진행
되면서 술과의 궁합이 더 좋아진다. 같은 지역에서 생산되는 샴페인은 기본적으로 잘 어울려 나
는 로랑 페리에를 조합하는 것을 좋아한다. 맥주는 IPA와 같은 페일 에일 또는 트라피스트 맥주
가 좋고, 무엇보다 니혼슈와의 궁합은 최고다. 약간 드라이한 준마이슈부터 다이긴죠에 이르기
까지 폭넓게 맞출 수 있다. 따뜻하게 데운 마르나 샴페인을 치즈의 파인 부분에 부어서 불을 붙
여 푸른 불꽃을 즐기다가 녹아내린 치즈를 먹는 방법은 치즈를 좋아하는 사람들 사이에서는 이
미 대중적이다. 서양배로 만든 오드비로도 시도해보자.

아는 사람은 다 아는, 여운이 오래 남는 포동포동 워시타입

퀴레 낭테

Curé Nantais

프랑스 ● 우유

200g

김에 싸면 독특한 안주로 변신. 바다와 가까운 환경에서 만들어진 치즈라서 은은하게 바다냄새가 느껴진다. 그래서 해조류 풍미와의 조화가 좋다.

퀴레 낭테는 「낭트의 사제」라는 의미. 1880년 루아르 지방의 낭트에서 사제의 조언에 따라 만들어졌는데, 처음에는 미식가의 진수성찬이라는 의미의 「리갈 드 구르메」로 불렸다고 한다. 이 지역의 우유는 버터로 가공되는 경우가 많아 이렇다 할 유명 치즈가 없다. 퀴레 낭테는 한 곳에서만 제조되고 있다.

표피가 오렌지색을 띠는 워시타입으로 포동포동한 사각형이다. 대서양과 가까운 토지의 특성상 이틀에 한 번 표면을 닦을 때 사용하는 소금물에는 게랑드의 소금이 사용된다. 숙성은 약 4주. 1개 무게는 200g. 같은 토지에서 생산되는 화이트와인 무스카데로 표면을 닦는 「퀴레 낭테 오 무스카데」도 있는데, 이는 모양이 동그스름하다. 또한, 현지에서는 잘라서 판매하는 큰 사이즈도 있다. 단면에 기포가 있고 탱글탱글 탄력이 있어 자르기 쉽다. 탱탱한 타입의 치즈라고 하면 가장 먼저 떠올릴 치즈 중 하나인데, AOP 치즈가 아니고 워시타입은 부르고뉴 중에서 유명한 치즈가 많기 때문에 프랑스인이라도 그 지역 사람이 아니고서는 모르는 경우가 있다.

우유처럼 부드럽고 은은하게 바다냄새가 난다. 숙성이 진행되면 캐러멜향이 나서 여운이 오래 남는다. 펀치 계열로 분류했지만, 워시타입 중에서는 초보자도 쉽게 접할 수 있는 순한 맛이다.

삶은 감자와 조합하거나 타르틴 요리에 이용해도 좋지만, 그대로 부담 없이 안주로 먹는 것을 추천한다. 살짝 떫은맛이 나는 벌꿀을 곁들여도 좋다.

음료와의 마리아주는 폭넓은데 와인은 당연히 무스카데. 나는 위스키와의 조합도 좋아한다. 피트향이 부드럽거나 애런 몰트 10년산처럼 단맛과 오크 풍미가 있는 위스키와의 조화가 좋다. 맥주는 숙성이 덜 된 치즈는 필스너와, 숙성 치즈는 트라피스트 타입과 어울린다. 시드르, 사과주스, 준마이슈, 커피도 OK.

고향이 같은 벨기에 맥주와 조합하면 고개가 끄덕여지는 맛

에르브

Herve

벨기에 ● 우유

50g, 100g, 200g, 400g

부모님과 벨기에로 여행을 간 적이 있다. 수도 브뤼셀과 동부의 리에주를 관광했는데 그때까지 우리 가족은 벨기에 치즈에 그다지 매력을 느끼지 못했었다. 그런데 레스토랑이나 바에서 본고장 치즈를 벨기에 맥주와 함께 먹어보니 「아! 역시 맛있구나.」라고 납득할 수 있었다. 맥주와 잘 어울리는 치즈였다. 벨기에 맥주는 종류가 무수히 많아 맥주를 좋아하는 내게는 더할 나위 없이 좋았는데, 일본사람 중에도 맥주를 좋아하는 사람이 많으므로 분명 벨기에 치즈와 맥주의 조합이 마음에 들 것 같았다. 낮에는 필스너 맥주로 가볍게, 밤에는 시메이나 오르발 등 에일 타입의 트라피스트 맥주로 천천히 즐기니 좋았다.

에르브는 리에주의 에르브라는 토지에서 만들어지는 워시타입 치즈로 50~400g까지 있는데 일반적으로는 200g의 정육면체 크기다. 벨기에의 유일한 AOP 치즈로, 페케(Peket)라고 불리는 현지의 진으로 닦거나 트라피스트 맥주로 닦은 것도 있다. 소금물로 닦으면서 숙성시키면 리넨스균이 증식하기 때문에, 에르브가 처음이라면 표피의 끈적끈적한 질감과 임팩트 있는 향에 놀랄지도 모른다. 포인트는 냉장고에서 꺼내 포장이나 랩을 제거한 후 잠시 공기와 접촉하도록 놔두는 것. 그렇게 하면 향이 부드러워져서 치즈 본래의 풍미를 즐길 수 있다. 이것은 에르브에만 적용되는 것이 아니라, 워시타입 치즈 전반에 해당되는 공통 사항이다.

짠맛이 강한 표피와 달리 속살에는 우유의 단맛이 있다. 심플하게 바게트에 얹어서 먹어보자. 그라탱이나 감자요리에 사용하는 것도 한방의 자극이 있어서 꽤 즐길 만하다.

그 밖의 벨기에 치즈에는 맥주와 마찬가지로 수도원에서 탄생한 「시메이」도 유명하다. 묵직하면서 밀크 풍미가 나는 것에서부터 맥주로 세척한 것, 장기 숙성으로 미몰레트와 비슷한 세미하드 타입에 이르기까지 종류가 풍부하다.

끈적끈적 농후한 치즈, 마르에서 오는 향긋하고 맛있는 풍미

에푸아스

Époisses

프랑스 ● 우유

250~350g, 지름 9.5~11.5㎝, 높이 3~4.5㎝(대형도 있음)

숙성이 지나치면 원유의 맛이 사라지면
서 쓴맛이 올라와 마실 것과 함께 입에
넣었을 때 밸런스가 좋지 않다. 심이 약
간 있고 흐물흐물하지 않은 상태가 베스
트 상태.

묑스테르보다 냄새가 더 강한 워시타입 치즈. 그런데 잘 이용하면 고소함이 느껴진다. 포도를 짜
고 남은 찌꺼기를 증류해서 만드는 같은 고장의 술「마르 드 부르고뉴」로 닦기 때문이다.

16세기 와인의 명산지 부르고뉴 코트도르에 있는 에푸아스 마을의 수도원에서 만들어지면
서 시작되었다고 한다. 참고로「브리 드 모」에서 소개한 빈 회의 당시의 품평에서 2위를 차지한
것이 에푸아스였다. 20세기 초에는 300곳 이상의 생산자가 있었음에도 불구하고 두 차례의 세
계대전 후 소멸 위기에 놓였다. 묑스테르는 렌넷 응고를 하는 반면 에푸아스는 산 응고라서 시간
이 걸린다. 전통이 끊겨서는 안 된다는 생각으로 베르토사의 로버트 베르토가 1956년에 부활시
켰고 타사도 그 뒤를 이어갔다. 현재 연간 생산량은 1,400톤이 조금 안 된다.

4~8주일의 숙성 기간에 마르의 비율을 높이면서 닦는다. 워시타입 치즈의 대부분은 식물
색소(아나토)가 이용되는데, 에푸아스에는 사용이 금지되어 있고, 표피의 오렌지색은 세균이 만들
어내는 것이다. 크기는 250g이 일반적이고 현지에서는 대형 사이즈도 볼 수 있다.

코로 빠져나가는 향과 더불어 끈적끈적하고 농후한 맛은 한 번 빠지면 중독이 될 정도다.
포인트는 먹는 시기를 잘 판별하는 것. 몽 도르와 마찬가지로 흐물흐물하다면 숙성이 지나쳤다
는 의미이므로, 그보다 조금 앞 단계일 때가 가장 맛있다.

일반적으로 레드와인이 잘 어울린다고 하지만, 나는 좋은 품질의 맥캘란 등 셰리통에서 숙
성시킨 위스키나 고슈, 흑맥주를 추천한다. 호밀빵을 곁들이면 빵의 산미와 치즈의 짠맛이 조화
를 이룬다. 잼이나 꿀 등의 단맛은 별로 안 어울린다. 요리에 사용할 경우는 오믈렛에 얹거나, 생
크림에 녹이거나, 구운 돼지고기 또는 채소 스틱에 곁들여도 좋다. 갑각류나 조개류를 갈아서 만
든 크림수프 비스크에 조미료 삼아 첨가하면 풍부한 맛으로 완성된다.

150일 이상 방목하여 스트레스가 없는 소의 우유를

푸름 당베르

Fourme d'Ambert

프랑스 ● 우유

1.9~2.5㎏, 지름 12.5~14㎝, 높이 17~21㎝

푸른곰팡이 치즈는 푸른곰팡이 포자를 원유에 첨가하는 방법과 치즈 성형 후 소금에 절였다가 금속바늘로 찔러서 공기를 넣는 방법으로 푸른곰팡이의 번식을 촉진한다. AOP의 우유제 푸른곰팡이 치즈로는 푸름 당베르가 가장 많이 생산된다. 푸름 당베르의 고향 오베르뉴 지방은 프랑스 중앙의 산괴(山塊)에 위치하며 교통의 요지로 번성한 곳이다. 미슐랭 본사나 볼빅의 수원(水源)도 오베르뉴에 있다. 하지만 와인은 딱히 좋은 게 없고, 옛날 사람들의 삶은 그야말로 궁핍해서 소를 키워 치즈를 만들어 생활하는 형편이었다. 겨울철이면 파리로 돈벌이를 나가 파리 카페에는 오베르뉴 출신자가 많았다. 그들의 요구로 개발된 와인병 따개가 바로 라기올의 소믈리에 나이프이다. 이는 원래 소를 키우는 목동을 위한 것이었다.

과거 농가에서 제조한 치즈는 언제부터인가 대형 유업회사가 모두 취급하게 되었다. 내가 존경하는 라퀘유사의 올리비에 씨는 자신의 고향을 매우 사랑하는 사람으로 자사 제품을 홍보하기 위해 전국 방방곡곡을 분주하게 돌아다닌다. 푸름 당베르 다음으로 인기가 많은 블뢰 도베르뉴 등, 그 밖에도 여러 종류의 푸른곰팡이 치즈를 제조하고 있다. 인근 농가에서 우유를 모아 사용하는데 우유 품질이 좋을 뿐 아니라 신뢰관계도 대단하다. 소를 연간 최소 150일 이상 방목하는 것은 프랑스 산악지방에서는 당연한 일인지도 모르겠다.

슬림한 형태에 골고루 아름답게 들어간 푸른곰팡이. 일본에서는 로크포르보다 푸름 당베르의 인기가 더 많다. 은은한 산미와 미네랄향, 적당한 매운맛과 짠맛, 끈적한 식감 등으로 먹기 편하고 가격이 적당하기 때문인 듯하다. 모양이 쉽게 찌그러지지 않아 커팅하기 쉬운 것도 좋다.

아카시아꿀이나 밤꿀, 견과류가 들어간 것, 씹는 맛이 좋은 빵과 함께하면 좋다. 푸른곰팡이 치즈는 버섯류나 견과류와 궁합이 좋은데, 특히 푸름 당베르에는 양송이 파르시를 추천한다. 라클레테나 샐러드에 이용하는 것도 OK. 숙성이 덜 된 것에 드라이한 화이트와인, 숙성이 덜 된 게뷔르츠트라미너, 피노 그리, 당밀로 만든 럼주와의 조합을 나는 좋아한다.

푸른곰팡이 치즈 중에서 가장 좋아하는

스틸턴
Stilton

영국 ● 우유

5~8kg, 지름 약 20cm, 높이 25~30cm

18세기 헌팅던셔(현재의 케임브리지셔)의 스틸턴 마을에 있는 호텔에서 제공되었던 치즈가 호평을 받으면서 이름이 붙여졌다. 푸른곰팡이의 포자를 첨가하지 않은 「화이트 스틸턴」도 있는데, 말린 과일을 섞은 치즈로 가공되는 경우가 많고, 보통 스틸턴이라고 하면 「블루 스틸턴」을 가리킨다. 현재는 레스터셔, 노팅엄셔, 더비셔에 있는 총 6곳에서 연간 100만 개 정도를 만든다.

1개에 5~8kg이고, 원기둥모양으로 녹슨 쇠 같은 외피가 특징이다. 푸른곰팡이 치즈의 대부분이 성형 후에 소금에 절이는 데 반해 스틸턴(과 더불어 프랑스의 푸름 드 몽브리종)은 커드를 틀에 넣을 때 소금을 섞는다. 숙성 9주째부터 출하되며, 한층 더 숙성시킨 것도 있다.

수분이 적어서 깔끔하게 자르기는 어렵지만, 그 점이 개성이어서 자연스럽게 부서진 모양으로 접시에 담아도 괜찮다. 흰색 부분은 버터에 가까운 색으로 입에서 녹는 감촉이 좋다. 향은 온화하고, 기분 좋은 쓴맛이 있으며, 매운맛은 그다지 없고 순하다. 버터에 볶은 양송이 같은 풍미다.

프랑스 사람인 내가 내입으로 말하기는 좀 그렇지만, 푸른곰팡이 치즈 중에서는 스틸턴이 최고일지도 모르겠다. 수분이 적어서 보존기간이 길고 요리에 사용하기도 쉽다. 말린 과일이 들어간 빵에 얹어 타르틴으로 먹거나 삶은 감자에 얹기만 해도 풍요로운 기분이 든다. 피시 앤 칩스에도 스틸턴을 녹인 생크림 소스를 곁들이면 맛있다.

술은 포트와인이 기본적으로 잘 어울린다. 초콜릿빵을 따뜻하게 데워 스틸턴을 얹은 것과 함께 먹어도 좋다. 진한 샤르도네, 생 조셉(시라), 흑맥주, 위스키, 피노 데 샤랑트도 추천. 영국에서는 도자기에 스틸턴 포트(스틸턴에 구멍을 내고 포트와인을 부어넣은 것)를 담아 크리스마스 선물로 주는 풍습이 있다. 포트와인을 부었다가 적당히 스며들었을 때 선물해보면 어떨까?

이탈리아의 대표적인 푸른곰팡이 타입, 일반적으로는 피칸테를 선택

고르곤졸라 피칸테

Gorgonzola Piccante

이탈리아 ● 우유

중형 9~12kg, 지름 20~30cm, 최저높이 13cm

소형 6~8kg, 지름 20~30cm, 최저높이 13cm

「오늘은 어떤 고르곤촐라가 있나요?」라고 묻는 고객이 종종 있는데, 사실 「오늘은 어떤 푸른곰팡이 치즈가 있나요?」라고 물어야 옳다. 즉 일본에서는 고르곤촐라가 푸른곰팡이 치즈의 대명사라고 할 정도로 대중적이다. 이름이 임팩트 있다 보니 파스타나 리조트 등 이탈리아 요리의 인기와 더불어 정착하게 되었을 것이다.

그 인기는 일본에서만이 아니다. 생산량이 해마다 증가해 연간 5만 톤 이상이다. 이탈리아 DOP 치즈 중에서는 생산량 3위다. 그중 30%가 유럽과 미국 등지로 수출된다. 단, 이 숫자는 「피칸테」와 「돌체」를 합한 양으로, 비율은 피칸테가 약 12%로 돌체가 압도적으로 많다. 피칸테는 「나투랄레」라고도 불리며, 원래 고르곤촐라는 피칸테뿐이었는데, 전쟁 후에 돌체가 개발되자 전세가 역전되었다. 그런데 요리에 사용하거나 술과 함께 먹는다면 피칸테를 추천한다.

롬바르디아 주 밀라노의 북동쪽에 위치한 고르곤촐라 마을이 명칭의 유래. 산에서 내려온 소가 쉬는 장소였기 때문인데, 현재 생산의 중심으로는 말펜사 공항 근처의 피에몬테가 압도적이다. 그 이유는 여기에 공동 숙성고가 만들어졌기 때문이다.

푸른곰팡이 치즈 중에서는 가장 크고 부드럽기 때문에 덩어리 상태로 수송이 어려워 1/4로 커팅한 상태에서 출하된다. 알루미늄 포장지 때문에 외피는 안 보이지만 적갈색을 띤다. 곰팡이는 녹색이 섞인 청색이고, 깊게 세로줄로 들어간 모양도 볼 수 있다. 소형 60일 이상, 중형 80일 이상 숙성시킨 피칸테는 이름 그대로 매운맛이 나고 끝맛으로 단맛이 느껴져야 좋은 품질이다.

술은 스위트한 화이트와인 또는 베네토 주의 레드와인 아마로네, 포트와인, 럼주 등. 꿀이나 메이플 시럽을 곁들여도 좋다. 타르틴을 만들 때는 세미드라이드 토마토와 구운 주키니와 함께 하면 좋다.

고르곤촐라 돌체 Gorgonzola Dolce | 대형 10~13kg, 지름 20~30cm, 최저높이 13cm

피칸테와는 전혀 다른 맛

돌체는 펀치 계열이 아니라 마일드 계열로 분류. 사용하는 포자가 다르고, 커드를 느슨하게 커팅해서 곰팡이가 적고 매운맛이 거의 없다. 숙성은 최소 50일. 매우 부드럽기 때문에 현지에서는 컵에 넣어 판매하는 경우도 있다. 푸른곰팡이 치즈는 도무지 익숙해지지 않는다는 사람도 분명 맛있다고 느낄 정도로 피칸테와는 다른 치즈다.

역사, 동굴, 양유, 테루아의 로망이 가득

로크포르

Roquefort

프랑스 ● 양유

2.5~3kg, 지름 19~20cm, 높이 8.5~11.5cm

과일로는 단감과도 잘 어울린다. 치즈를
으깨서 감에 발라 공기와 접촉시켜 풍미
를 내는 것이 포인트. 무염버터와 로크
포르 치즈를 섞어서 호밀빵에 바르면 강
한 풍미가 한결 부드러워진다.

치즈와 테루아(풍토·산지에 따른 풍미)는 끊으려야 끊을 수 없는 관계인데, 로크포르야말로 이를 나
타내는 데 가장 적합한 치즈다. 프랑스 미디피레네 지방 아베롱 주에 로크포르쉬르술종이라는
마을. 이 마을에 사는 어느 어린 양치기가 동굴에 빵과 치즈를 놓아둔 채 좋아하는 여자아이를
보고 쫓아 나갔다가 다음날 동굴로 돌아와보니 치즈에 곰팡이가 피어 있었는데 먹어보니 맛있
었다는 것이 로크포르 치즈 시작의 전설이다. 캉탈이나 브리 치즈와 나란히 프랑스에서 가장 오
래된 치즈로 그 역사는 고대 로마시대까지 거슬러 올라간다. 15세기에는 작물이 잘 자라지 않는
토지라 치즈 제조와 콩발루산 동굴에서 숙성시키는 독점권을 부여받고 원산지 보호가 이루어졌
다. 이것이 AOC의 출발점이라고도 한다. 현재, AOP 인증을 받은 블루치즈 중 가장 생산량이
많고 총 45가지나 되는 AOP 인증 치즈 가운데 콩테의 뒤를 이어 2위를 차지한다.

석회암으로 된 자연동굴 숙성고는 지하 여러 층에 걸쳐 있어서 그야말로 압권이다. 「플루린」
이라 불리는 습한 바람이 바위의 갈라진 틈을 빠져나가 항상 저온 다습한 상태를 유지한다. 라코
뉴 품종의 양유(무살균)를 사용해 성형한 치즈에 소금을 첨가한 후 바늘을 꽂아 최소 90일간 숙성
시키는데, 도중에 푸른곰팡이가 어느 정도 발생하면 은종이로 싸서 증식을 멈춘다. 원유에 첨가
하는 푸른곰팡이의 포자는 앞에서 소개한 전설에서와 같이 호밀빵을 사용해 채취, 배양한다.

강한 짠맛과 고소함. 그 후에 오는 양유 특유의 단맛과 지방의 감칠맛이 마치 버터처럼 부
드럽게 녹아내린다. 서양배나 사과를 잘라 표면 수분을 닦고 로크포르 치즈를 얹거나, 호두빵에
얹어 허브꿀을 발라 타르틴으로 즐겨도 좋다. 또, 버터에 마늘을 볶아 로크포르 치즈와 타임 등
의 허브, 생크림을 넣어 소스를 만든 후 오믈렛이나 어린 양고기에 곁들여 먹어도 좋다. 수플레,
브로콜리 포타주, 초콜릿 브리오슈를 살짝 구워 함께 먹어도 맛있다. 술은 소테른 등의 귀부와인
이나 포모 드 노르망디, 피노 데 샤랑트 등으로 즐겨보자.

숙성시켜도 녹아내리지 않는 것이 좋은 품질

카망베르 드 노르망디 [숙성]

Camembert de Normandie

프랑스 ● 우유

흰곰팡이 치즈는 바깥쪽에서부터 안쪽으로 숙성이 진행된다. 카망베르 드 노르망디의 최소 숙성기간은 3주. 무살균유로 제조하기 때문에 15회나 되는 검사를 통과하지 못하면 유통되지 못한다. 참고로 미국에서는 무살균유제 치즈나 숙성이 60일이 안 된 치즈는 수입 금지이므로 본고장의 카망베르는 먹지 못한다. 안타까울 따름이다. 일본은 수입이 가능하니 다행이다!

일본에 도착했을 시기의 치즈 단계는 아직 심이 있는 상태로, 거기서부터 적당히 숙성시켜 판매한다. 외피는 점차 적갈색을 띠기 시작한다. 자르면 속살이 녹아서 흘러내릴 정도가 최고의 숙성 상태라고 생각하기 쉬운데 그렇지 않다. 숙성이 지나치면 암모니아 냄새가 나기 시작하므로 심이 없는 상태라도 탄력 있는 것이 양질의 카망베르라고 나는 생각한다.

짠맛이 강해지고 향기로우면서도 묵직한 맛을 느낄 수 있다. 약간 스위트한 시드르, 스위트한 부브레나 코토 뒤 레이옹, 칼바도스나 포모 드 노르망디를 조합하면 좋다.

복잡미묘한 감칠맛과 독특하게 녹아내리는 치즈

샤오스 [숙성]

Chaource

프랑스 ● 우유

샤오스의 최소 숙성기간은 14일. 더 오래 숙성시키면 외피에 노란색 무늬가 나타나고 껍질과 가까운 부분의 속살이 녹아내리는데 중심은 결코 녹지 않는 특징이 있다. 마치 바닐라 아이스크림처럼 보이기도 한다. 잘라서 서비스하기에는 어렵기 때문에 가능한 한 숙성이 덜 된 상태일 때 먹어버리자는 생각이 드는 것도 당연하다. 그러나 여기서 인내심을 갖고 숙성시키면 신맛은 사라지고 헤이즐넛 같은 기분 좋은 감칠맛과 버섯향이 나기 시작한다. 조금 과장스러울지도 모르겠지만, 입안이 뜨거워지는 것 같은 복잡 미묘한 감칠맛을 느낄 수 있다.

사진의 치즈는 세로로 자른 상태인데, 수평으로 잘라서 스푼으로 떠먹는 방법도 있다. 고소하게 구운 호밀빵에 얹어 먹기도 한다. 껍질도 맛있으니 남기지 말자.

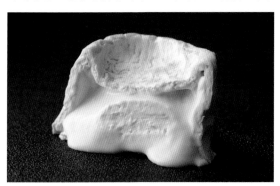

숙성이 덜 된 샤오스에는 일반적인 샴페인도 좋지만, 숙성이 된 것에는 오크통 향이 나는 것이나 샤르도네 100%의 블랑 드 블랑을 추천한다. 깔끔한 산미와 향이 짙게 감도는 맛을 한층 더 높여준다.

관리가 까다롭지만, 숨어 있던 맛이 통통 튀어나온다

크로탱 드 샤비뇰 [숙성]
Crottin de Chavignol
프랑스 ● 산양유

숙성 방법에 따라 여러 이름이 붙는다. 곰팡이가 없고 숙성이 덜 된 「드미섹」, 가루를 흩뿌려 놓은 듯한 곰팡이가 핀 「쿠드레」, 절반 정도 푸른곰팡이가 피어 있는 「벨루테」, 푸른색과 회색을 띤 「블뢰」, 속까지 충분히 건조한 「트레섹」, 항아리에 넣어 숙성시킨 「르파세」 등.

　「페르미에」에서도 모든 숙성제품을 주문하여 취급한 적이 있었는데 관리가 너무 힘들고 게다가 치즈가 점점 변해서 그 이유를 알 수 없었던 경험이 있다. 그럴 때는 보기보다 직접 먹어보고 판단할 수밖에 없다. 건조가 만만치 않으니 관리에 주의해야 한다. 현지에서는 나무상자에 짚 (현재는 금지하고 있음)을 깔고 샤비뇰을 나열하여 직접 바람이 닿지 않도록 위에도 짚을 덮어 놓고 관리했었다. 그 정도로 신경쓰지 않으면 안 되는 변덕스러운 치즈다.

하지만 나는 숙성이 덜 된 샤비뇰보다 숙성해서 곰팡이가 붙어 있는 것을 좋아한다. 숨어 있던 맛이 통통 튀어나오는 느낌이다. 뭐랄까 「지구의 맛」이 난다고 할까? 어울리는 와인으로는 숙성된 볼륨감 있는 소비뇽 블랑을 추천한다. 다른 것은 필요 없고 치즈와 와인만으로 천천히 즐기는 것이 가장 좋다.

곰팡이의 아름다운 맛을 알았다면 이젠 치즈 전문가

피코동[숙성]
Picodon
프랑스 ● 산양유

셰브르 치즈의 최소 숙성기간은 대체로 10일 정도인데 피코동은 14일로 그중 8일은 약간 높은 온도와 습도에서 숙성시킨다. 아래 사진의 피코동은 가게에 도착한 후 한 달 정도를 더 숙성시킨 것. 타임꿀과 같은 달달한 향이 난다. 표피의 색이 노랗게 바뀌면서 푸른곰팡이도 조금 생긴다. 새하얗던 속살도 아이보리색으로 변한다. 셰브르에는 곰팡이를 첨가하지 않기 때문에 이 곰팡이는 자연적으로 생긴 것이지만, 일본인은 조금 꺼릴지도 모르겠다. 「페르미에」에서도 과거 여러 차례 취급하려고 시도했었는데, 보통 레스토랑에서 제공되는 경우는 거의 없다. 하지만 잘 숙성시켰더니 폭신폭신한 맛이 오래 남아 「셰브르가 이렇게나 맛있구나!」를 느낄 수 있었다. 겁내지 말고 곰팡이도 함께 먹어보자. 어울리는 술로는 같은 고장의 화이트와인, 생 조셉, 에르미타주 블랑의 숙성된 것을 추천한다. 숙성 크로탱과 마찬가지로 요리에는 사용하지 않고 그대로 먹는다.

숙성 3주에서 4개월까지, 다양한 상태의 피코동.

파비앙 스타일의
오리지널 치즈

기존 치즈에 작은 수고를 들여서 오리지널 상품을 만들어내는 것도 프로마제가 하는 일 중 하나다. 새로운 미각을 개발해내는 작업은 즐겁다. 게다가 완성된 제품이 고객에게 호평을 받으면 무척 신이 난다. 내가 개발한 것 가운데 히트를 쳤던 상품을 소개해보겠다. 치즈 이름도 내가 붙인 오리지널이다.

● 와사바랭

브리야 사바랭 프레에 와사비가루, 다시마가루, 소금을 혼합한 것을 샌드로 만들었다. 크리미하고 농후한 브리야 사바랭 프레에는 매콤한 맛이 잘 어울린다. 어울리는 술로는 살짝 드라이하고 걸쭉한 니혼슈를 특히 추천한다.

● 크로망티누

이벤트 행사 때 서비스할 치즈로 쿨로미에를 꺼내서 잘라봤는데 심 부분이 생각했던 것 이상으로 많아서 도저히 내놓을 수 없었다. 어떻게든 해야겠다 싶어서 생각해낸 방법이 가로로 슬라이스해서 떼어낸 심 부분을 다져서 원래 곁들여서 내려고 준비했던 말린 귤과 섞은 후 프레시 치즈와 네팔산 야생 산초로 맛을 조절하여 사이에 끼워 샌드로 만든 것이었다. 그야말로 아무에게도 말할 수 없는 고육지책이었는데, 반응이 매우 좋아서 크리스마스 상품으로도 큰 인기를 누렸다. 샴페인이나 루아르의 슈냉 블랑과 잘 어울린다.

● 랑그르 푸아브르 루즈

랑그르에 팽 데피스와 같은 단맛이 나는 향의 캄보디아 캄폿산 적후추를 사이에 끼워 넣고 숙성시킨 것. 벨기에에서는 종종 워시 치즈에 팽 데피스를 조합하는데, 거기서 힌트를 얻어 생각한 조합이다. 말린 과일이나 캐러멜향을 풍기는 벨기에 맥주 시메이 레드와 함께 먹고 싶은 치즈다.

이 밖에도 뮁스테르를 아와모리[泡盛]로 세척한 것, 마르왈을 위스키에, 고르곤촐라를 아마레토에 각각 적신 후 숙성시킨 것 등도 있다.

랑그르 푸아브르 루즈

와사바랭

크로망티누

Fromages riches

감칠맛 계열 치즈

견과류의 풍미나 꿀과 같은 단맛, 깊은 맛, 씹을
수록 감칠맛 등이 입안에 퍼지는 치즈를 「감칠맛
계열」로 분류했다. 장기 숙성의 세미하드나 하
드타입 치즈의 총집합이다.

막 자른 것을 잘게 부수어 씹으면서 감칠맛을 음미

파르미자노 레자노

Parmigiano Reggiano

이탈리아 ● 우유

최소 30kg, 지름 35~45cm, 높이 20~26cm

파르미자노 레자노 전용의 아몬드 나이프. 없으면 일반적인 테이블 나이프로 적당한 크기로 잘라서 먹는다. 씹으면 씹을수록 느껴지는 촉촉함과 향긋하고 순수한 아로마에 중독될지도 모른다.

파르미자노 레자노. 긴 이름이다. 우리는 가끔 레자노라고 줄여 부르기도 하지만, 절대 파르메산이라고는 말하지 않는다. 파르메산은 세계적으로 생산되고 있는 가루치즈로 레자노와는 완전히 다른 제품이다. 정품은 북이탈리아 에밀리아로마냐 주의 파르마와 레조 에밀리아에서 그 이름을 따왔다. 두 지역 외에 같은 주의 모데나와 볼로냐, 그리고 인접한 롬바르디아 주의 만토바에서 만들어지고 있으며, 엄격한 검사를 통과한 것만이 DOP 제품으로서 이름을 올릴 수 있다. 그 역사는 9세기로 거슬러 올라가며, 현재는 약 350곳의 생산자가 있고 품질과 가치를 지키기 위한 협회가 조직되어 있다. 30~40kg의 북모양. 1년 숙성 후 전용 망치로 두드려서 소리와 진동으로 상태를 체크한다. 이때 합격한다 해도 한층 더 숙성시키지 못하는 품질의 치즈는 「메자노」로 각인되어 가치가 30% 정도 떨어진다. 상태가 좋은 것은 최종적으로 18개월이나 24개월, 또는 그 이상 숙성시킨다. 자기 일의 성과가 1년 후까지 어떻게 될지도 모르고 2년 후까지도 돈이 못 된다면 그야말로 인내가 필요한 일이다. 고개가 절로 숙여진다.

이 치즈의 매력은 뭐니 뭐니 해도 흰색 결정체인 아미노산의 감칠맛. 먹기 좋은 크기로 잘라서 잘 씹어 맛보는 것이 가장 좋다. 물론 요리에 사용할 수도 있지만, 갈아서 파스타 등에 넣는다면 가격이 싸고 마일드한 그라나 파다노로 충분하다. 숙성이 덜 된 것은 감귤 같은 풍미도 있고 질리지 않는 맛으로, 오래되면 될수록 짠맛과 감칠맛이 강해지니 별미로 즐기기에 적합하다. 오래 보존할 수 있지만, 먹을 만큼만 사서 막 자른 치즈의 맛을 꼭 느꼈으면 좋겠다.

꿀이나 발사믹 식초를 뿌려도 좋고, 산초·검정후추·칠리페퍼·김치 등 매운맛과의 조합도 좋다. 술은 일본술이라면 폭넓게 여러 타입을 매치할 수 있는데, 데운 사케와도 잘 어울린다. 시드르, 드라이한 화이트와인, 위스키는 스트레이트나 하이볼 모두 잘 어울린다.

여름에 만든 것을 다음 해 겨울에 샴페인과 맛보는 행복

보 포 르

Beaufort

프랑스 ● 우유

20~70kg(평균 40~45kg), 지름 35~75cm, 높이 11~16cm

사부아 지방의 웅대한 경치. 보포르는 타
랑테즈 품종과 아봉당스 품종의 우유를
사용한다. 사진의 소는 아봉당스 품종.

스위스와 이탈리아에 인접한 산악지대 사부아 지방, 동계올림픽 개최지로 알려진 알베르빌 근
처에 위치한 보포르 마을에서 이름을 따왔다. 평균 40㎏의 대형 치즈로 측면이 둥글게 들어간
것이 특징이다. 그 옛날 산에서 치즈를 운반할 때 말 등에 싣기 위해 밧줄로 감기 쉽도록 움푹 들
어간 부분을 만들었다고 한다. 참고로 「아봉당스 치즈」의 경우는 10㎏ 전후이다.

단순히 보포르라고 불리는 것은 겨울에 만든 것이고, 6월 1일 ~ 10월 31일 사이에 방목지
의 풀이나 꽃을 먹은 소의 젖으로 만든 치즈는 여름에 만든 제품을 의미하는 「보포르 에떼」, 에
떼 중에서도 표고 1,500m 이상 샬레(오두막)에서 한 무리의 소에서 짠 젖으로 만든 것은 「샬레 달
파쥬」이다. 연간 출하량은 총 5,340톤으로 에떼는 40%, 샬레 달파쥬는 10%에 조금 못 미친다.

겨울에 만든 것은 하얗고 촉촉하며 부드러운 우유 풍미가 나는데, 콩테와 비교하면 염분이
있고 힘도 있다. 에떼나 달파쥬는 여름철 풀의 영향으로 짙은 크림색을 띠고 맛도 한층 깊다. 특
히 달파쥬는 감귤이나 말린 과일의 풍미가 은은하게 나며 감칠맛의 여운도 오래 즐길 수 있다.

숙성 기간은 최소 5개월로 에떼의 경우 그해 겨울에 판매되기도 하는데, 전년 여름에 만들
어진 것을 크리스마스에 샴페인과 함께 즐기는 것이 최고의 사치. 그 시기에 실제로 현지 가게를
방문해보니 하루에 2덩이, 즉 80㎏ 분량의 보포르가 판매되고 있었다. 같은 고장의 르블로숑과
더불어 인기 많은 치즈다. 참고로 나는 보포르도 좋아하지만, 같은 사부아 지방의 AOP 치즈 「톰
데 보주」(표지 사진의 손에 든 치즈)를 매우 좋아한다. 겉보기에는 수수하고 소박하지만, 맛은 밤이나
베리류 등의 여운이 있어서 매력적이다.

보포르를 사용한 요리로는 퐁뒤 샤보야흐드가 유명하다. 잘 늘어나게 하려고 「에멘탈 드 사
부아」를 섞기도 하는데, 보포르만을 사용해서 만들면 농후한 맛으로 완성된다.

된장과 비슷한 진한 감칠맛, 퐁뒤나 술안주로

레티바즈
L'Etivaz

스위스 ● 우유

10~38kg, 지름 30~65cm, 높이 8~11cm

산지는 스위스 서남쪽 프랑스와 인접한 보 주. 표고 1,000~2,000m에 있는 샬레에서 5월 10일 ~ 10월 10일 사이에만 만들어진다. 여름 산에 방목된 소의 무살균유를 구리솥과 장작불을 이용해 가열하는 옛날 방식의 제법. 압착해서 소금을 묻힌 치즈를 레티바즈 마을의 공동 숙성고로 옮겨 약 5개월간 숙성시킨다. 최소 10kg에서 최대 38kg, 지름은 30~65cm이다.

스위스에는 누구나가 알고 있는 그뤼에르나 에멘탈을 비롯해 테트 드 무안이나 라클레트 등도 있지만, 그것들을 제치고 레티바즈가 스위스 AOC 치즈 제1호로서 2000년에 등록되면서 일약 유명해졌다. 현재 생산자는 약 70곳.

나는 2014년 초여름에 현지를 방문했다. 레티바즈 조합 회장의 샬레를 향해 자동차로 산길을 올랐는데, 도중에 휴대전화 신호가 잡히지 않아 길을 잘못 들면 어쩌나 싶어 불안했었다. 그런데 대자연의 장대한 풍경은「알프스의 소녀 하이디」의 세계 그 자체였다. 소의 느긋한 움직임과 함께 울려 퍼지는 카우벨 소리가 너무 듣기 좋고 두근두근 설레기까지 했다. 저녁 식사로는 레티바즈 퐁뒤가 나왔다. 그들은 독실한 크리스천이라 식사 전에 기도를 했는데, 우리집에서는 그런 습관이 없었기에 보고 따라 했다. 각자 자신의 스푼으로 여러 차례 냄비에서 퐁뒤를 뜨더니 스푼을 핥았다. 음식을 먹던 스푼으로 공용 그릇에 담긴 음식을 뜨는 걸 금지하는 가게나 청결을 따지는 사람이라면 기겁했을지도 모르겠지만, 그보다 나는 그 굉장한 맛에 무아지경으로 빠져들었다.

살짝 스모키하면서 된장과 비슷한 진한 감칠맛의 치즈이기에 그릴에서 구운 고기에 토핑하는 등, 훈제요리와 조합하면 매우 잘 어울린다. 하지만 그대로 술안주로 먹는 것이 가장 맛있게 먹는 지름길이다. 일본의 고수나 다루자케, 아일랜드의 스모키한 위스키와도 잘 어울린다. 「치즈에는 뭐니 뭐니 해도 화이트와인」을 주장하는 나지만, 레티바즈라면 가벼운 피노 누아도 잘 어울린다.

위_ 가파른 경사면을 유유히 이동하면서 풀을 뜯는 소. 맑고 깨끗한 환경에서 자란 소의 우유가 맛있는 것은 당연하다.
아래_ 장작불로 32℃로 가열해 유산균과 렌넷으로 응고시켜 커드를 없앤 후 약 57℃까지 가열. 삼베로 떠서 틀에 넣는다.

잼이나 꿀의 단맛, 살짝 매콤한 향신료 어느 것이나

오쏘 이라티

Ossau-Iraty

스위스 ● 양유

대형 3.8~6kg, 지름 22.5~27cm, 높이 8~14cm
소형 1.8~3.3kg, 지름 17~21cm, 높이 7~13cm

왼쪽_ 튼튼한 뿔을 지닌 바스코-베아르네즈. 바
스크 지역은 의외로 비가 많이 내린다.
오른쪽_ 슬라이스 한 치즈에 블랙체리잼을 살짝
얹어서 먹는 것이 기본.

스페인과의 국경 피레네 산맥 서쪽에 위치한 바스크와 베아른에서 중세 때부터 만들어졌던 명산
품. 프랑스의 대표적 양유 치즈라고 하면 로크포르 다음으로 바로 이 오쏘 이라티를 들 수 있다.

이름은 바스크의 「이라티 숲」과 베아른의 「오쏘 계곡」에서 유래한다. 양의 종류는 현지의 3개
품종인 마네슈테트느와르, 마네슈테트루쓰, 바스코-베아르네즈로 규정되어 있으며, 사이즈는 바
스크는 소형, 베아른은 대형으로 각각의 숙성기간은 80일 이상과 120일 이상이다. 여름 산에 방목
된 양의 무살균유를 사용하며 샬레에서 만들어진 것은 「에스테브」라는 이름으로 구별되고 있다.

연간 출하량은 4,000톤이 넘는데, 그중 수출은 고작 1.5%로 거의가 프랑스 국내에서 소비된
다. 나도 어렸을 때 콩테와 더불어 오쏘 이라티를 무척 좋아했다. 양유다운 기분 좋은 신맛과 단
맛, 지방의 진한 맛이 있어 적당히 촉촉하고 부담 없이 먹을 수 있는 치즈다. 에스테브는 신맛이
덜하고, 먹이로 쓰이는 고산식물에서 유래한 과일 같은 향이 있어 더욱 농후한 맛을 즐길 수 있다.

기본적으로는 블랙체리잼을 곁들여서 먹는데, 꿀과도 잘 어울려 나는 베리계열의 꿀을 조
합하는 것을 좋아한다. 한편, 짠맛이 있거나 매운맛의 음식과도 궁합이 좋으므로, 후추나 와사비
잎, 생햄을 곁들이거나 루콜라와 베이컨 샐러드에 첨가해도 좋다. 오쏘 이라티의 슬라이스와 로
스트비프, 피망 데스플레트를 식빵에 끼운 샌드위치도 맛있고, 스페인식 오믈렛의 토핑 등으로
사용해도 좋다.

씹는 맛을 즐길 수 있도록 살짝 두껍게 슬라이스해서 잠시 상온에 두었다가 먹는데, 물방울
이 맺힐 때까지 두지 않도록 주의하자. 반대로 건조해지면 매운맛이 나타난다.

어울리는 와인으로는 같은 고장에서 생산된 약간 단맛의 쥐랑송 화이트와인 또는 포트와
인, 바뉠스 등이 좋다.

감 칠 맛 계 열 치 즈

Fromages riches

스페인의 건조한 대지에서 자란 양의 젖은 묵직한 맛

케소 만체고

Queso Manchego

스페인 ● 양유

400g~4kg, 지름 22㎝ 이하, 높이 12㎝ 이하

만체가 품종의 양. 양모산업이 쇠퇴한 후에도 스페인의 건조한 대지는 양들의 천국이다. 케소 만체고 외에도 양유 치즈가 많다.

「올라!」 가볍게 인사한 후 타파스(에스파냐에서 메인요리를 먹기 전에 작은 접시에 담겨 나오는 적은 양의 전채요리)를 주문한다. 생햄, 살라미, 초리조, 그리고 치즈로는 역시 만체고를 **빼**놓을 수 없다. 다른 나라에 비해 양유 치즈가 많은 스페인에서 가장 대중적인 양유 치즈다. DOP에서의 정식 명칭은 스페인어로 치즈를 의미하는 케소를 앞에 붙인다.

생산지는 카스티야-라만차. 『돈키호테』의 무대로 소설 속에도 만체고가 등장한다. 사족을 붙이자면 프랑스어로는 「Don Quixote」라고 표기하고 「돈키쇼테」에 가까운 발음이라 일본에 와서 처음에는 돈키호테에 등장하는 치즈라고 말해도 사람들이 알아듣지를 못했다.

만체가라는 품종의 양유만을 사용한다. 같은 양이라도 로크포르의 라코뉴 품종의 경우는 하루에 1,800㎖ 착유하는데 반해, 만체가는 고작 800㎖ 정도. 건조한 대지에서 자란 양의 젖에는 지방분이 많아 치즈의 맛이 묵직하다. 색깔은 아이보리 화이트이고 은은한 산미도 있다. 숙성이 오래되면 약간 매운맛이 나고 부석부석한 식감으로 바뀐다. 무살균유를 이용해 전통적인 방법으로 만든 것은 장인을 의미하는 「아르테사노」라고 불리며 건초향이 있어서 한층 맛이 깊다.

사이즈 규정은 지름 22㎝ 이하, 400g~4kg. 스페인의 양유 치즈는 납작한 원통형이 많은데, 만체고는 옆면에 새끼줄 무늬가 있다. 예전에는 에스파르토라는 풀로 엮은 띠를 감아 무늬를 새겼었는데, 지금은 새끼줄 모양이 새겨진 플라스틱 틀을 사용해 재현하고 있다.

가열해도 잘 녹지 않는 타입이라 요리에 사용하기보다 슬라이스 해서 안주로 먹는 것이 좋다. 명란, 유자후추, 칠리페퍼, 쌈장 등 매운맛 조미료와 잘 어울린다. 중화 스푼에 새우 칠리를 올리고 만체고 슬라이스를 토핑한 중화풍 타파스도 흥미롭다. 이 치즈는 예외적으로 강한 맛의 스페인산 레드와인이 잘 어울린다. 물론 셰리나 드라이한 화이트와인도 OK.

작은 섬의 치즈는 단단하게 보이는 포동포동한 질감

마온 메노르카

Mahón Menorca

스페인 ● 우유

1~4kg, 높이 5~9cm

영국령으로 해상무역이 번성했던 역사
를 간직한 마온 항구. 마온 소스는 마요
네즈의 원조라고 알려져 있다.

지중해 발레아레스 제도 동쪽에 위치한 메노르카 섬에서의 원조 치즈는 기원전부터 만들어졌다
고 한다. 큰 섬인 마요르카에 비해 작은 섬 메노르카의 크기는 일본의 비와코 호수 정도다. 온난
다우의 기후로 바람이 강하고, 습기와 바닷바람으로 습한 목초를 먹고 자란 소의 젖에서 살짝 짠
맛과 신맛이 있는 치즈가 탄생된다. 얼핏 하드타입으로 보일 수도 있지만, 실제로는 결이 촘촘하
고 촉촉하며 탱글탱글한 식감이다.

시판되고 있는 마온 치즈의 대부분은 살균유를 틀에 넣어서 성형하지만, 「아르테사노」는 무
살균유로 천을 사용하는 옛날 방식으로 만들어진다. 보자기처럼 천을 펼쳐서 커드를 넣고 천의
네 군데 모서리를 가운데로 모아서 끈으로 묶어 압착한 후 훼이를 빼낸다. 중앙에 매듭 자국이 있
는 방석모양으로 완성되며 사이즈도 조정할 수 있지만, 최근에는 「아르테사노」도 틀에 천을 까는
방법으로 바뀌고 있다. 압착한 후 소금물에 담갔다가 나무선반이 설치된 숙성고로 옮겨진다. 건
조 방지를 위해 파프리카를 섞은 올리브유를 때때로 발라주면서 최소 21일간 숙성시킨다.

앞에서 소개한 케소 만체고도 포함하여 스페인의 치즈는 숙성 정도에 따라 덜 된 것부터 티
에르노, 세미쿠라도, 쿠라도로 분류한다. 마온 메노르카의 티에르노는 21~60일 숙성으로 속살
이 아직 하얗고 탄력이 있으며, 세미쿠라도는 2~5개월 숙성으로 표피는 오렌지색, 속살은 아이
보리빛을 띠며 헤이즐넛 같은 풍미가 난다. 한층 더 숙성한 쿠라도의 경우는 표면이 갈색으로 바
뀌면서 맛이 복잡해지고 여운이 오래가며 약간 매운맛도 나온다. 사진의 마온 메노르카는 5개월
숙성시킨 아르테사노 쿠라도이다. 내게는 감귤이나 트로피컬한 풍미, 바다 냄새 등도 느껴진다.

큼지막하게 잘라서 안주로 하거나 샐러드에 넣어도 좋다. 드라이한 화이트와인, 화이트맥
주(밀맥주), 단맛과 과일향이 있는 준마이긴조 등과 잘 어울린다.

레자노에 익숙해졌다면 다음은 이 치즈를

피아베

Piave

이탈리아 ● 우유

5.4~6.9kg, 지름 25.5~34cm, 높이 5~10cm

이탈리아 북동부 베네토 주 최북단에 위치한 벨루노. 알프스에서부터 흐르는 피아베강에서 이름을 땄다. 숙성기간에 따라 이름이 붙여지는데, 20~60일 숙성은 프레스코, 61일~180일은 메자노, 6개월 이상은 베키오, 12개월 이상은 베키오 셀렉지오네 오로, 18개월 이상은 베키오 리제르바라고 한다. 숙성이 오래될수록 작고 가벼워지는데 약 6kg 전후이고, 지름은 30cm 전후, 옆면에는 글자가 새겨져 있다. 사진의 치즈는 베키오 셀렉지오네 오로. 우리는 줄여서 베키오 오로라고 부른다.

역사는 짧아 1960년대부터 시작될 당시에는 대부분 그 지역에서 소비되었다. 대형 유업회사가 약 400곳의 농가로부터 원유를 모아 자동화 공장에서 일괄 생산함으로써 연간 35만 개를 생산한다. 2010년 DOP 인정을 받은 후부터는 미국과 캐나다로 많은 양을 수출하고 있다.

메자노는 그뤼에르와 비슷한 느낌이다. 개성은 그다지 강하지 않고 은은한 고소함과 신맛이 있으며 촉촉하다. 그라탱이나 파스타 등과 같은 가열 조리에도 사용하면 좋다.

오로가 되면 숙성감이 나타나고 농후한 풍미와 과일향이 느껴진다. 파르미자노 레자노와 비슷한 아미노산 결정체가 있는 조직이므로 갈아서 먹는 게 베스트. 레자노보다는 무르지 않아 슬라이스도 쉽다. 과일이 들어간 샐러드에 뿌려도 좋다. 또, 레자노는 소금물에 3주 정도 담갔다가 만들지만, 피아베는 최소 2일로 짧아서 짠맛이 순하다. 레자노를 좋아하는 손님이 「가끔은 다른 치즈도 먹어보고 싶어요.」라고 할 때 추천하면 좋아한다.

일본술은 살짝 드라이한 긴죠계열 또는 준마이슈도 좋다. 와인은 같은 베네토 지역에서 생산되는 글레라 품종의 포도로 만든 프로세코나 샴페인 등의 스파클링 와인이 잘 맞고, 레드와인은 별로다.

평범한 이미지를 뒤엎는 장기숙성 타입

고다
Gouda

네덜란드 ● 우유

2.5~30kg(평균 약 10kg)

고다는 전 세계에서 만들고, 세계의 슈퍼마켓에서도 대중적으로 판매되고 있다. 프로세스치즈이기도 하기에 아이들 간식 같은 감각이라 미식의 이미지는 별로 없다고 생각하겠지만, 여기서 소개하는 것은 입맛이 까다로운 어른들에게 추천하고 싶은, 원산지가 네덜란드인 장기숙성 타입이다. PDO 인정을 받은 네덜란드 고다 치즈의 정식 명칭은 「노르트홀란트 하우다」. 평균 10㎏로 큰 것은 30㎏, 숙성 기간은 1개월에서 최장 48개월. 사진의 고다 치즈는 36개월 숙성한 것이다.

농후한 감칠맛과 오래 지속되는 여운이 매력으로 술안주로 그만이다. 일반적으로 고다는 레드와인과의 궁합이 좋다고 하는데, 내가 생각하는 베스트 조합은 위스키 또는 브랜디와의 조합이다. 위스키는 캐주얼하게 하이볼로 해도 좋다. 일본의 고슈와도 잘 어울리고, 맥주도 타입을 가리지 않고 잘 어울린다. 숙성이 오랜 것일수록 조직이 탄탄해 자르기 쉽지 않은데 나이프로는 어려워서 와이어를 사용한다. 특히 일본에서는 최소 단위인 100g 정도를 구매하는 손님이 많아 「미몰레트」와 더불어 프로마제를 힘들게 하는 치즈라고 할 수 있다. 참고로 미몰레트는 원래 17세기에 해외에서 프랑스로 치즈가 수입 금지되었을 때 에담을 흉내내어 만들기 시작한 것이다. 네덜란드에서는 고다 다음으로 「에담」이 많이 만들어지고 있다.

2017년 세계 최우수 프로마제 콩쿠르의 심사위원으로 참가했을 때, 네덜란드 참가자가 18개월 숙성시킨 고다를 프레젠테이션하기 위해 갖고 나왔었다. 그것을 시식한 나는 「장난이 아니구나!」 싶었다. 씹으면 씹을수록 단맛이 나고, 소금 캐러멜, 초콜릿, 로스트향 등의 아로마가 입 안에 퍼지면서 녹아내리는 감촉은 물론이고 여운도 굉장했다. 나는 그 맛에 빠져 멍하니 있다가 하마터면 그의 설명을 놓칠 뻔했다. 단순히 숙성 기간이 길다고 좋은 게 아니라, 18개월 숙성이어도 얼마든지 맛있을 수 있다. 어떤 것이 먹기 적당한지는 전문가인 프로마제에게 물어보자.

감 칠 맛 계 열 치 즈

Fromages riches

무른 질감과 식욕을 돋우는 은은한 산미

웨스트 컨트리 팜하우스 체더

West Country Farmhouse Cheddar

영국 ● 우유

약 27㎏, 지름 약 35㎝, 높이 약 28㎝

런던의 시장 「버러 마켓」에서는 치즈가 많이 판매된다. 그 시장에 있는 치즈가게 「닐스 야드 데어리」에서 맛본 체더나 스틸턴 등의 맛은 정말이지 감동이었다. 나는 프랑스인으로서 자국의 치즈에 자긍심이 있지만, 영국의 치즈도 굉장히 맛있는 것 같다.

고다와 마찬가지로 체더도 여러 나라에서 만들어지고 있는 치즈인데, 본고장은 영국이다. 명칭은 서머싯에 있는 체더 계곡의 동굴에서 치즈를 숙성시켰던 것에서 유래한다.

PDO 제품의 산지는 이곳 외에 도싯, 데번, 콘월 등이며 전통 방법에 따라 생산되고 있다.

체더를 만들 때 빼놓을 수 없는 제법이 「체더링」이다. 렌넷으로 원유를 응고시켜 잘게 자르고 훼이를 분리시켜 알갱이 커드를 모아 사각형 덩어리로 만든다. 그것을 여러 단 겹쳐 놓고 위아래로 뒤집어 가면서 커드의 산도를 높이고 수분을 제거한다. 그 후 다시 커드를 잘라내는 「밀링」 작업이 이루어지고, 소금을 뿌려 틀에 채워 넣어서 압착한다. 틀에서 꺼낸 후에는 포대와 같은 천으로 감아 온수에 적셨다가 표면에 라드(돼지기름)를 발라 9개월 이상 숙성시킨다.

약 27kg, 높이 약 28cm의 원기둥모양. 자연의 푸른곰팡이가 들어 있는 경우가 있는데, 물론 결함은 아니며 복잡한 풍미를 풍긴다. 체더링 때문에 무르고 부슬부슬해져서 깔끔하게 자르기는 어려울 수도 있지만, 소박한 시골풍으로 다소 거칠게 잘라도 좋지 않을까 싶다. 오히려 그게 더 멋스러울 수도. 맛은 크리미하고 버터 같으면서도 머스터드의 신맛과 같은 식욕을 돋우는 풍미가 있다. 타르틴으로 만들거나 콜리플라워와 함께 구워도 맛있지만, 심플하게 머스터드나 로스햄을 곁들여 그대로 위스키나 흑맥주와 함께 즐기는 것을 추천한다. 참고로 아일랜드산 맥주, 위스키, 아이리시크림(리큐르)을 혼합한 체더 타입도 있다.

숙성 기간뿐 아니라 만들어진 시기가 중요

콩테[숙성]
Comté
프랑스 ● 우유

8개월 이상의 숙성 콩테는 숙성 기간이 12~24개월로 다양하다. 숙성이 덜 된 것과 비교하면 아미노산의 감칠맛이나 밤, 헤이즐넛의 향긋한 아로마를 한층 더 느낄 수 있다. 하지만 여기서 잠깐! 사실 숙성 기간만 신경쓰기 쉬운데 그와 더불어 언제 만들어졌느냐가 매우 중요하다. 사진의 콩테는 여름에 만들어진 18개월 숙성제품이다. 여름에는 방목한 소의 젖을 사용하기에 풀과 꽃의 카로틴에 의해 색이 짙고 과일향이 강하다. 반면, 겨울에는 소가 건초를 먹기 때문에 색이 약간 연하고 부드럽다. 또한, 그해의 기후에 따라서도 달라지고, 숙성 기간도 영향을 미치므로 치즈 덩어리마다 그 맛이 다르다. 그렇다면 어떻게 골라야 할까? 그렇다. 이제 프로마제에게 맡겨야 할 때다.

장기숙성 콩테는 진한 밤꿀, 머스터드, 견과류와 궁합이 좋고, 술은 같은 고장의 뱅 존이나 샤르도네, 오크통 숙성의 샴페인, 기모토-야마하이, 고슈, 피트향이 나는 위스키 등등, 이야기하자면 끝이 없다.

사바냥 포도를 사용해 오크통에서 숙성시킨 쥐라 지방의 뱅 존.

치즈케이크를 굽는 감각으로 숙성시킨다

푸름 당베르[숙성]
Fourme d'Ambert
프랑스 ● 우유

회색이 감도는 흰색 외피가 오랜 숙성을 거치면서 붉은빛을 띠기 시작한다. 수분이 줄면서 높이도 살짝 줄어든다. 고소함과 술지게미 비슷한 풍미가 나며 사르르 녹아내리는 식감을 자랑한다.

포트와인, 바뉠스, 숙성 게뷔르츠트라미너, 피노 그리, 기모토 야마하이 타입으로 살짝 단맛이 도는 술을 데워서 함께 먹으면 좋다. 이 치즈는 11~12℃라는 약간 높은 온도와 습도 95%의 숙성고에서 상태를 살피면서 숙성시킨다. 묘하게 들릴지 모르겠지만, 푸름 당베르의 숙성 작업은 내게는 치즈 케이크를 굽는 것과 비슷한 느낌이다.

파리의 치즈가게에는 지하에 숙성고가 있는데, 먹기에 최적인 상태의 치즈가 진열되어 있다. 안타깝게도 일본의 치즈 시장은 아직 그 정도까지 성장하지 못한 것 같다. 도심에는 공간적으로 여유가 없고 또 모처럼 숙성시켜도 먹을 사람이 없어 무용지물이 되고 만다.

치즈를 숙성시키면 감칠맛 지수가 높아진다는 것은 아지노모토사 연구소의 데이터를 통해서도 밝혀졌다. 한 사람이라도 많은 일본인에게 숙성 치즈의 매력을 알려주고 싶다.

일 본 의 치 즈

Lumière sur quelques fromages japonais

맨앞의 「야마노치즈」와 맨뒤의 「바카스」는 나가노 지방의 시미즈 목장에서 생산하는 제품.
왼쪽위의 「에탄베츠의 푸른 치즈」는 홋카이도의 이세팜 제품.
왼쪽앞의 셰브르 「자우스다케」와 오른쪽 중간의 워시타입 「린도」는 도치기 지방의 나스 고원 이마 목장 제품.

2016년 홋카이도 도카치에서 개최된 길드 데 프로마제 협회의 수여식 축하연 때 홋카이도산 치즈를 사용한 플래토 연출을 내가 담당했다. 이 협회는 치즈업계 활성화와 발전을 목적으로 1969년 파리에서 설립되었으며, 세계 33개국에 회원이 있다. 나도 같은 해에 메트르 프로마제 칭호를 받았다.

최근 들어 일본 치즈의 품질이 눈에 띄게 향상되어 주목받고 있다. 나도 가능한 한 산지를 방문하여 생산자와 소통하려고 노력하고 있다.

왼쪽 사진에서 소개한 치즈 이외에, 홋카이도에 위치한 공동학사 신토쿠농장에서는 일본술의 효모를 원유에 넣고 일본술을 사용하여 닦은 「사카구라」나 앵두 · 얼룩조릿대 · 머틀(소귀나무과에 속하는 낙엽소관목) 등 일본 식물의 풍미를 이용한 제품 등 독특한 치즈를 만들고 있다. 히로시마에 있는 미라사카 프로마주의 「프로마주 드 미라사카 셰브르」나 나가노 지방의 아틀리에 드 프로마주에서 생산하는 「블루치즈」도 굉장히 맛있는데, 「몬디알 뒤 프로마주」에서 수상도 했다. 습도가 높은 일본은 푸른곰팡이 치즈나 워시타입 치즈를 만드는 데 적합한 것 같다.

현재 일본 국내의 내추럴치즈 공방은 240여 곳이나 되므로, 아직 알려지지 않은 치즈가 다양하게 많을 거라고 생각한다.

오래도록 사랑받는 진정한 매력의 치즈는 와인과 마찬가지로 테루아가 느껴지는 것이라고 생각한다. 프랑스의 치즈를 흉내내는 것이 아니라 그 토지의 기후, 풍토와 환경에 어울리는 치즈를 추구했으면 한다. 열정을 갖고 노력하는 생산자들을 앞으로도 계속 응원하고 싶다.

에너지 충전에는
치즈가 최적

나는 어려서부터 합기도와 가라테를 배우는 등 꾸준히 운동을 즐기고 있으며 격투기 시합을 보는 것도 매우 좋아한다. 일본에서는 시간적으로 자유로운 복싱센터에 다니고 있다.

운동 후의 에너지 충전에는 근육의 회복과 합성을 촉진해주는 단백질이 풍부한 치즈가 좋다. 우유의 영양소가 응축되어 있으며 단백질의 일부는 이미 아미노산으로 분해되어 있기 때문에 소화 흡수가 효율적이다. 또한, 피로 회복에 도움을 주는 비타민 B도 포함되어 있다.

치즈의 아미노산은 간기능 개선에도 도움이 되므로 술안주로는 일석이조다. 성장기 어린이나 노인에게는 든든한 칼슘원이 된다.

영양면에서 특히 추천하는 것은 하드타입으로, 그중에서도 콩테는 남녀노소 누구나 좋아하고 어떤 상황에서나 어울리는 만능 치즈다. 100g에 단백질 함량은 26.7g, 칼슘 940㎎. 1일 단백질 필요량은 성인 남성의 경우 50g, 여성은 40g이며, 칼슘은 각각 550~650㎎과 500~550㎎. 치즈 100g을 한 번에 먹는 일본인은 별로 없을 텐데, 예를 들어 100g의 1/3만 섭취해도 한 끼의 영양가로 매우 이상적이다. 그리고 콩테 100g에 들어 있는 염분의 양은 약 0.8g으로, 이처럼 염분이 적다는 점도 콩테를 추천하는 이유 중 하나다.

또, 임산부는 만일을 고려해서 리스테리아균의 위험성이 전혀 없다고는 할 수 없는 무살균유의 비가열 치즈나 곰팡이타입 치즈는 피하고, 콩테처럼 가열한 하드타입의 치즈를 먹는 것이 좋다.

최고의 맛,
치즈 레시피

나는 요리하는 것을 매우 좋아해서
세미나 등 비지니스 자리에 요리를 제안하는 것은 물론,
개인적으로 친구들이 모일 때도 치즈 요리로 솜씨를 발휘한다.
치즈의 개성을 살리기 위해
복잡하게 손이 많이 가는 요리는 하지 않는다.
간단하지만 모두가 좋아하는 그야말로 행복한 요리.
치즈가 조금 남을 때에도 가열해서 다른 식재료와 조합하면
요리가 맛있게 변신한다.

치즈 타르틴으로 부담 없이 아페로 할까요?

치즈를 사용한 요리로 내가 가장 먼저 추천하는 것이 타르틴.
왜냐하면 아주 간단하고 맛있으며 다양하게 활용할 수 있기 때문이다.
어릴 적 맞벌이를 하시는 부모님이 돌아오시기를 기다리는 동안 배가 고파지면
냉장고에 있는 치즈와 햄, 채소 등 남은 것을 적당히 빵에 얹어 오븐에 구워서 먹곤 했다.
프랑스에서는 저녁식사 전에 어른들이 가볍게 한 잔 하는 것을 가리켜
「아페리티프」 또는 줄여서 「아페로」라고 한다.
잔을 한 손에 들고 마음 편한 동료와 즐겁게 대화를 나누는 한 때.
적당한 짠맛과 감칠맛, 고소한 치즈 타르틴은 아페로의 안주로 딱 좋다.
캐주얼한 홈파티에서 각자 취향대로 만들어 먹는 모습도 즐거워 보인다!

치즈를 활용한 여러 가지 타르틴

Quelques sortes de tartines

여러 가지 타르틴
Quelques sortes de tartines

카망베르 드 노르망디
Camembert de Normandie

카망베르 드 노르망디 …… 1/4개 (→p.54)
사과 …… 1/4개
바게트(메밀가루) …… 길이 10cm
꿀(사과·로즈메리·밤 등) …… 1작은술
시나몬파우더·후추(블랙) …… 각각 적당량

만드는 방법
사과는 슬라이스, 카망베르 드 노르망디는 부채꼴로 커팅
하여, 길게 반으로 자른 바게트 위에 사과 4쪽과 치즈 2
쪽을 얹는다. 꿀을 위에 붓고, 시나몬파우더와 후추(블랙)
를 뿌린다. 예열한 오븐토스터에 넣고 치즈가 녹아내릴
때까지 굽는다.

리코타
Ricotta

리코타 …… 50g (→p.44)
딸기 …… 6개
식빵(또는 브리오슈) …… 1장
꿀(라즈베리 또는 아카시아) …… 1작은술

만드는 방법
식빵을 구운 후 먼저 꿀을 바르고 그 위에 리코타를 바른
다. 빵을 사선으로 반으로 자르고 딸기를 3개씩 얹는다.
취향에 따라 민트를 곁들여도 좋다.

1	3
2	4

생트 모르 드 투렌
Sainte-Maure de Touraine

생트 모르 드 투렌 …… 두께 5mm 4장 (→p.60)
토마토 …… 1/2개
캉파뉴(또는 전립분빵) …… 2장
타임·로즈메리·올리브유·후추(블랙) …… 각각 적당량

만드는 방법
빵에 올리브유를 살짝 바르고, 슬라이스한 토마토를 올린
다. 타임을 조금 뿌리고 로즈메리를 *C'est parfait*
중심에 꽂은 생트 모르 드 투렌 슬
라이스 2장과 로즈메리를 얹어 후
추를 뿌린다. 예열한 오븐토스터에
넣고 빵이 노릇해질 때까지 굽는다.

파비앙의 메시지
치즈가 차가우면 빵이 먼저 타버리므로
잠시 상온에 두었다가 굽는다. 가열은
오븐토스터 또는 오븐, 가스그릴도 OK.

에푸아스
Époisses

에푸아스 …… 1/6개 (→p.92)
양파 …… 1/4개
양송이 …… 6개
닭가슴살 …… 1쪽
호밀빵 …… 2장
화이트와인 …… 1큰술
무염버터·소금·파슬리·후추(블랙) …… 각각 적당량

만드는 방법
양파를 다져서 숨이 죽을 때까지 버터에 볶는다. 양송이
슬라이스를 넣고 살짝 볶다가, 주사위모양으로 잘라서 살
짝 소금을 뿌린 닭가슴살을 넣고 볶는다. 화이트와인을
뿌려서 섞는다. 껍질째 적당히 다진 에푸아스를 넣고 불
을 끈 다음 녹을 때까지 섞는다. 빵을 살짝 구워 볶은 재
료를 얹고 다진 파슬리를 뿌려서 다시 살짝 굽는다. 후추
를 뿌린다.

콩테
Comté

콩테 ······ 15g 슬라이스 2장 (→ p.72)
로스햄 ······ 2장
호두 ······ 4개
바게트 ······ 길이 10㎝
머스터드 ······ 1작은술
후추(블랙) ······ 적당량

만드는 방법
바게트 가운데를 가로로 길게 잘라서 자른 면에 머스터드를 바르고 로스햄과 으깬 호두, 콩테 슬라이스를 얹어 후추를 뿌린다. 예열한 오븐토스터에 넣고 치즈가 녹을 때까지 굽는다.

푸름 당베르
Fourme d'Ambert

푸름 당베르 ······ 40g (→ p.94)
마늘 ······ 1쪽
양송이 ······ 8개
호두빵 ······ 4장
화이트와인 ······ 2큰술
올리브유·파슬리·후추(블랙) ······ 각각 적당량

만드는 방법
마늘을 다져서 올리브유에 볶아 향을 낸다. 1/4로 자른 양송이를 넣고 화이트와인을 부어 수분이 없어질 때까지 볶는다. 다진 파슬리를 섞는다. 빵 위에 볶은 재료를 올리고 10g으로 자른 푸름 당베르를 얹어 후추를 뿌린 후 예열한 오븐토스터에서 빵이 노릇해질 때까지 굽는다.

| 5 | 7 |
| 6 | 8 |

고르곤촐라 피칸테
Gorgonzola Piccante

고르곤촐라 피칸테 ······ 30g (→ p.98)
세미드라이드 토마토 ······ 20g
캉파뉴 ······ 2장
올리브유 ······ 1큰술
후추(블랙) ······ 적당량

만드는 방법
빵 위에 다진 반건조 토마토를 얹고 올리브유를 뿌린다. 1/4로 자른 고르곤촐라 피칸테를 2개 얹어 예열한 오븐토스터에 넣고 빵이 노릇해질 때까지 굽는다. 후추를 뿌린다. 로즈메리를 얹어서 구워도 좋다.

생 넥테르
Saint-Nectaire

생 넥테르 ······ 40g (→ p.74)
마늘 ······ 1/2쪽
연어 ······ 1토막
바게트 ······ 길이 10㎝
화이트와인 ······ 1큰술
무염버터·소금·후추(블랙)·파슬리 ······ 각각 적당량

만드는 방법
마늘을 다져서 버터에 볶아 향을 낸다. 살짝 소금을 친 연어를 넣고 화이트와인을 뿌려 양면을 굽는다. 연어를 꺼내 작게 잘라, 길게 반으로 자른 바게트 위에 얹는다. 반으로 자른 생 넥테르를 얹고 예열한 오븐토스터에서 치즈가 녹을 때까지 굽는다. 후추를 뿌리고 다진 파슬리를 뿌린다.

밥 대신에 순하고 크리미한 치즈

브리야 사바랭 초밥스타일

Présentation à la japonaise

다진 고기에는 쫀득한 치즈가 잘 어울린다

주키니 파르시

Courgettes farcies

137

브 리 야 사 바 랭 초 밥 스 타 일

Présentation à la japonaise

재료 (2종류 각 8개씩)

A ┌ 브리야 사바랭 프레 …… 1/4개(125g) (→p.46)
　├ 레몬즙 …… 1/4개 분량
　└ 후추(블랙) …… 1작은술
삶은 새우 …… 8마리
오이 …… 1개
민트 …… 1~2장
생햄 …… 2장
복숭아 …… 1개
딜 …… 조금

만드는 방법

1　A를 볼에 넣고 부드러워질 때까지 섞는다. (a, b)
2　삶은 새우의 등에 칼집을 넣어 작게 자른 민트잎을 꽂는다.
3　오이와 복숭아는 길이 3cm, 폭 1cm, 두께 4mm로 잘라서 8쪽을 준비한다. 복숭아는 종이타월로 살짝 물기를 제거한다.
4　생햄은 8cm×1cm로 자른다.
5　숟가락으로 1을 한입크기로 떠서 다른 숟가락에 몇 번 왔다갔다 하면서 럭비공모양을 만든다. (c)
6　오이와 복숭아 각각에 5를 올린다. 오이에는 새우를, 복숭아에는 생햄을 얹고 딜로 장식한다.

따비앙의 메시지

복숭아와 생햄은 모차렐라와 조합하는 레시피가 잘 알려져 있는데, 브리야 사바랭은 보다 고급스러운 순한 맛으로 완성된다. 처음에는 타파스 같은 이미지를 생각했었는데, 치즈의 흰색과 부드러운 식감을 초밥의 밥 대신으로, 생햄을 참치 대신으로 하면 재밌을 것 같아서 이런 모양을 만들어보았다.

주 키 니 파 르 시
Courgettes farcies

재료 (2인분)
주키니 …… 2개
다진 돼지고기 …… 150g
양파 …… 1/4개
마늘 …… 1쪽
생 넥테르 …… 20g 슬라이스 4장 (→ p.74)
화이트와인 …… 1큰술
로즈메리 …… 조금
소금 · 후추(블랙) · 올리브유 …… 각각 적당량

만드는 방법
1   주키니를 길게 반으로 잘라 속을 파낸다. 올리브유를 살짝 뿌리고
    180℃로 예열한 오븐에 5분 굽는다. 도려낸 부분은 잘게 다진다.
2   양파와 마늘을 다져서 달군 프라이팬에 올리브유로 볶는다. 1의
    다진 주키니 속을 넣고 더 볶다가 노릇해지면 화이트와인을 뿌리
    고 로즈메리를 넣어 수분이 없어질 때까지 섞어가면서 볶는다. 소
    금, 후추를 뿌린다.
3   볼에 다진 돼지고기를 넣고 2를 넣어 잘 섞는다.
4   1의 주키니에 3을 채워 넣고(a), 180℃로 예열한 오븐에 15분 굽
    는다. 생 넥테르 슬라이스를 얹어 3분 정도 더 굽는다.
5   접시에 담아 후추를 뿌린다.

C'est bien!

따비앙의 메시지

다진 고기 요리에 어울리는 치즈는 탱글탱글 탄력 있는 치즈
가 좋다. 특히 생 넥테르는 헤이즐넛이나 버섯 풍미가 있어서
맛을 더욱 풍부하게 해준다. 탈레지오나 체더, 캉탈도 OK. 푸
른곰팡이 치즈인 고르곤촐라 피칸테도 괜찮은데, 흰곰팡이 치
즈는 유분이 나와서 적합하지 않다.

마치 고기 같은 맛에 깜짝 놀라다

생트 모르 드 투렌의 베지테리언 파테

Pâté végétarien de Sainte-Maure de Touraine

치즈를 완전히 녹이지 않는 것이 포인트

빵가루를 묻혀 구운 대구와 블루 스틸턴 소스

Cabillaud sauce Stilton

생트 모르 드 투렌의 베지테리언 파테

Pâté végétarien de Sainte-Maure de Touraine

재료 (4인분)

A
- 생트 모르 드 투렌 …… 1/2개(100g) (→p.60)
- 호두 …… 40g
- 양송이 …… 5개
- 에샬롯 …… 1/2개
- 마늘 …… 1쪽
- 이탈리안 파슬리 …… 3줄기

B
- 올리브오일 …… 1큰술
- 달걀 …… 1개
- 빵가루 …… 50g
- 호두(거칠게 빻아서) …… 10g
- 소금 · 후추(블랙) …… 각각 조금씩

만드는 방법

1 A를 믹서에 갈아서 페이스트 상태로 만든다.
2 B를 볼에 넣고 섞어서 1을 넣어 포크로 잘 섞는다.
3 테린 틀 안에 올리브유(분량 외)를 바르고 2를 채워 넣어 180℃로
   가열한 오븐에 20분 굽는다.
4 식으면 틀에서 빼내어 냉장고에서 식힌다.

파테는 잘라서 샐러드와 함께 또는 빵에 으깨듯이 발라서 먹어도 맛있다.

Allez Allez!

파비앙의 메시지

생트 모르 드 투렌을 생산하는 현지에서 생산자들과 식사했을 때 치즈와 호두를 양송이의 오목한 부분에 채워 넣은 요리가 맛있었다. 거기서 힌트를 얻어 이 파테를 고안했다. 고기는 전혀 사용하지 않았는데, 먹은 사람 모두가 「마치 고기를 먹는 것 같다」며 놀라워했다. 생트 모르에는 소비뇽 블랑이 어울리지만, 이 파테에는 샤르도네나 푸이 퓌메 등 볼륨감 있는 화이트와인을 추천한다. 치즈는 다른 셰브르를 사용해도 좋다.

빵가루를 묻혀 구운 대구와 블루 스틸턴 소스

Cabillaud sauce Stilton

재료 (2인분)

대구 ····· 2토막
양파 ····· 1/8개
양송이 ····· 약 8개
스틸턴 ····· 50g (→ p.96)
화이트와인 ····· 1큰술
생크림 ····· 50㎖
버터 ····· 적당량
파슬리 ····· 적당량
마늘 ····· 1쪽
빵가루(고운) ····· 20g
후추(블랙) ····· 적당량

만드는 방법

1 양파는 다지고, 양송이는 반으로 잘라 슬라이스, 스틸턴은 1~2㎝ 사각형으로 자른다.

2 프라이팬에 버터를 넣고 녹여서 중불로 양파를 살짝 볶다가 양송이 슬라이스를 넣어 볶는다. 화이트와인을 뿌려 섞고 뚜껑을 덮어서 2~3분 가열한다. 뚜껑을 열고 약불로 줄여 수분이 날아가면 스틸턴을 넣는다. (a) 잘 섞으면서 스틸턴이 녹기 시작하면 생크림을 섞고 치즈가 완전히 녹기 전에 불을 끈다.

3 파슬리와 마늘을 다져 놓고, 빵가루와 후추를 같이 섞어서 대구 한쪽에 바른다. 프라이팬에 버터를 녹여 빵가루를 묻힌 면을 아래로 가게 대구를 넣고 뚜껑을 덮는다. 중불로 5분 정도 굽는다. 윗면은 증기로 익히므로 뒤집지 않아도 좋다.

4 3의 구운 면을 위로 가게 접시에 담고 따뜻하게 데운 2의 소스를 뿌린다.

파비앙의 메시지

다른 푸른곰팡이 치즈를 사용해도 좋지만, 스틸턴을 특히 추천한다. 수분이 적은 치즈이므로 소스에 녹아들었을 때 작은 덩어리가 남아 그것을 입안에서 씹으면 풍부한 풍미가 퍼진다. 완전히 부드러운 소스로 만들면 요리의 느낌이 너무 평범해져서 모처럼의 푸른곰팡이 치즈가 아까워진다. 생선 대신에 고기로 해도 맛있는데 그런 경우에는 치즈를 더 넣어도 좋다.

감자와의 콤비네이션은 최강!

감자와 캉탈 그라탱

Gratin de pomme de terre

빵만으로 끝까지 치즈를 즐기는 제대로 된 방식

레티바즈 퐁뒤

Fondue à l'Etivaz

감자와 캉탈 그라탱
Gratin de pomme de terre

재료 (4인분)
양파······ 1개
캉탈······ 200g (→ p.76)
감자(메이퀸)······ 8개
버터·소금·후추(블랙)······ 각각 적당량

만드는 방법

1 양파는 두께 5㎜, 캉탈은 2~3㎜ 두께로 자른다. 감자는 삶아서 껍질을 벗기고 5㎜ 두께로 자른다.

2 버터를 넣고 뜨겁게 달군 프라이팬에 양파를 가볍게 볶아 소금, 후추를 뿌려 노릇해질 때까지 볶는다.

3 버터를 얇게 바른 그라탱 접시에 감자와 캉탈의 절반을 각각 차례로 올리고 후추를 뿌린다. 2를 얹고 남은 감자와 캉탈을 다시 올려 180℃로 달군 오븐에 12~15분 노릇하게 굽는다.

C'est simple

파비앙의 메시지

이보다 더 심플한 레시피는 없을 듯한 일품요리. 하지만 남녀노소 모두가 좋아하는 맛이다. 캉탈이 적당히 부드러워져서 감자와 하나가 되기 때문에 화이트소스나 크림 등은 필요없다(프랑스 사람이라고 해도 화이트소스를 만드는 것은 번거롭다). 치즈는 탄력 있는 다른 타입이나 워시타입을 사용해도 OK. 표면에 파르미자노 레자노나 콩테 등 고소하게 구워지는 타입의 치즈를 뿌려도 좋다. 베이컨을 넣어도 좋다.

레티바즈 퐁뒤
Fondue à l'Etivaz

재료 (2인분)

레티바즈 ······ 겉껍질 없이 200g (→p.112)

전분 ······ 1작은술

마늘 ······ 1쪽

화이트와인(드라이) ······ 100㎖

후추(블랙) ······ 1/2작은술

바게트 ······ 적당량

만드는 방법

1 레티바즈를 주사위모양으로 잘라 상온에 둔다.

2 볼에 1의 레티바즈와 전분을 넣고 섞는다. (a, b)

3 길게 반으로 자른 마늘 단면을 퐁뒤용 냄비 안쪽 전체에 묻힌다. 냄비 안에 그 마늘을 넣고 화이트와인을 부어 끓인다.

4 3에 2를 넣고 주걱으로 잘 섞는다. 치즈가 완전히 녹으면 후추를 뿌린다.

5 바게트를 한입크기로 잘라 퐁뒤용 포크로 꽂아 냄비 속 퐁뒤를 찍어서 먹는다.

따비앙의 메시지

와인이 너무 차가우면 끓이는 데 시간이 걸리므로 주의한다. 포크는 바게트 껍질면부터 꽂는다. 부드러운 부분부터 찌르면 빵이 치즈의 바닷속에 풍덩 빠지고 만다. 레티바즈만으로 만들었는데, 콩테와 혼합하면 조금 더 부드러워진다. 많이들 채소 등의 다양한 재료를 준비하는 게 흔한데, 본래 퐁뒤는 치즈가 주인공이어서 빵만으로도 충분하다. 영향 균형은 샐러드로 보충하자.

좋아하는 치즈를 테이블 위에서
녹이면서 즐기자

라클레트

Raclette

녹지 않아서 오히려 맛있는, 식감과 아로마의 유혹

가지와 파르미자노 레자노를 품은
돼지고기 소테

La viande,les légumes et le fromage

라클레트
Raclette

재료

좋아하는 치즈, 감자, 빵, 생햄, 피클오이 …… 각각 적당량

만드는 방법

1 감자는 삶아서 껍질을 벗기고 먹기 좋은 크기로 자른다.
2 빵을 잘라 1과 생햄, 피클오이와 함께 접시에 담는다.
3 치즈를 적당히 슬라이스 하여 라클레트 팬에 넣어 녹인 후 2의 좋아하는 식재료에 얹어서 먹는다.

재료는 빵, 감자, 생햄, 피클오이 등을 준비.

푸름 당베르, 라클레트, 생 넥테르, 샤비슈 뒤 푸아투, 묑스테르 등 하드타입뿐 아니라, 푸른곰팡이, 워시타입, 셰브르로도 만들 수 있다.

가지와 파르미자노 레자노를 품은 돼지고기 소테

La viande, les légumes et le fromage

재료 (2인분)

돼지 등심(생강구이용) …… 4장

가지 …… 2개

파르미자노 레자노 …… 50g (→p.108)

로즈메리 …… 조금

올리브유·후추(블랙) …… 각각 적당량

만드는 방법

1 가지는 주사위모양으로 자른다. 파르미자노 레자노는 굵게 다진다.

2 프라이팬에 올리브유를 두르고 가지를 로즈메리와 함께 볶는다. 불을 끈 다음 후추를 뿌리고 파르미자노 레자노 40g을 넣어 살짝 섞은 후 꺼낸다.

3 프라이팬에 올리브유를 두르고 돼지고기의 양면을 굽는다.

4 접시에 고기를 놓고 2를 얹은 다음 돌돌 말아 이쑤시개로 고정시킨다. 남은 파르미자노 레자노와 후추를 뿌린다.

C'est très bon

파비앙의 메시지

가열해도 흐물흐물 흘러내리지 않는 파르미자노 레자노의 성질을 살린 요리. 그래서 씹었을 때 치즈의 아로마가 입안에 퍼지도록 곱게 갈지 않고 굵게 다진다. 일부는 마무리할 때 솔솔 뿌리자. 부드러운 가지와 고기의 식감이 대비되어 서로의 감칠맛이 상승하는 효과를 즐길 수 있다. 소고기와 주키니를 응용해도 좋다.

제철 셰브르로 만든 너무 달지 않은 디저트

봄의 무스

Mousse printanière

재료 (2인분)

A ┌ 딸기 …… 50g
  └ 앵두 …… 50g

B ┌ 뷔슈 드 셰브르 …… 1/2개 (150g) (→p.58)
  │ 사과즙 …… 2작은술
  └ 레몬즙 …… 1/8개 분량

레몬즙·민트 …… 각각 적당량

만드는 방법

1 A의 꼭지를 따서 프라이팬에 넣고 약불에서 나무주걱으로 으깨면서 퓌레상태가 될 때까지 가열한다. 망에 걸러 식힌다.

2 B를 볼에 넣고 포크로 치즈를 으깨면서 부드럽게 살짝 부풀어 오를 때까지 섞는다. (a)

3 2개의 유리컵에 2를 나누어 넣고 그 위에 1을 2 높이의 1/2 정도 부은 다음 냉장고에 식힌다.

4 레몬즙을 살짝 떨어뜨리고 민트잎으로 장식한다.

파비앙의 메시지

/Ma recommandation!

나는 평소에 단 음식을 잘 먹지 않는다. 디저트 대신 셰브르나 리코타, 마스카르포네 등에 과일의 자연적인 단맛을 조합하는 것을 좋아한다. 이 디저트는 2015년도 세계 콩쿠르에서 만들어 평가받은 것이다. 셰브르는 산양의 출산시기인 봄이 제철이기에 딸기와 앵두를 조합해보았다(콩쿠르에서는 라즈베리도 섞음). 하지만, 실제로는 언제든지 구할 수 있으므로 여름에는 자두나 살구, 가을에는 감을 활용해도 맛있다. 그렇다면 겨울에는? 딸기는 겨울부터 나오고, 또 사과도 괜찮을 것 같은데, 겨울은 추우니 이런 디저트는 당기지 않을 듯도. (웃음)

치즈를 잘 사는 방법 · 보관하는 방법 Q&A

Q 치즈 살 때의 포인트를 알려주세요.

A 가게에서는 최고의 숙성 상태의 제품을 판매하므로 가능하다면 먹을 당일에 사는 것이 이상적이다. 그게 어려우면 예를 들어 「3일 후 파티에 사용해요.」라는 등 먹을 타이밍에 대한 정보를 알려주면 좋다. 「흰곰팡이 치즈만 먹어 봤는데, 다른 타입도 한 번 먹어 보고 싶어요.」, 「입안에서 사르르 녹아내리는 것이 좋아요.」, 「샴페인을 샀는데, 그거랑 잘 어울리는 치즈를 추천해주세요.」 등등, 자신이 원하는 치즈에 관한 이미지를 전달하여 프로마제와 대화하다 보면 딱 맞는 치즈를 구할 수 있다.

Q 계절에 따라 특별히 추천할 치즈가 있나요?

A 봄은 산양의 출산 시기이므로 셰브르를 추천하고 싶은데, 양유 치즈도 괜찮다. 여름에는 샐러드 같은 산뜻한 요리가 많아지니 프레시타입. 하지만, 나는 여름 날씨가 매우 습해 땀을 많이 흘리므로 염분 보충을 겸해서 염분이 많은 에푸아스 등을 먹곤 한다. 푸른곰팡이 치즈는 봄여름에 착유한 것이 여름가을에 나오므로 먹기 적당한 때다. 가을은 버섯과의 궁합이 좋은 흰곰팡이나 워시타입을 진한 맛의 화이트와인이나 따뜻한 사케와 함께 먹어보자. 겨울에는 역시 하드타입인 산악치즈가 좋다. 딱 1년 정도 숙성한 맛있는 상태의 것이 들어오니까. 퐁뒤나 그라탱 등 겨울 요리에도 잘 어울린다.

Q 보존 방법에 비법이 있나요?

A 기본적으로는 구매했을 때의 포장재를 밀착시켜 두면 OK. 또는 랩으로 싸도 좋다 **a**. 상미기간(제품을 맛있게 먹을 수 있는 기간, 또는 제품의 맛이 그대로 유지되는 기간)은 있는가? 하고 묻는 손님이 아주 많은데, 절대로 며칠이라고 정해져 있지 않다. 내추럴치즈는 살아 있는 식품이라 가장 맛있게 먹을 수 있는 시기에 제공되기 때문에 가능한 한 맛있을 때 빨리 먹는 것이 좋다. 저울에 달아서 판매하는 치즈는 100g부터 판매하므로 한 번에 먹을 양을 사는 것이 중요하다.

154

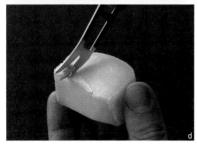

Q 먹을 수 있는 곰팡이와 그렇지 않은 곰팡이를 구분하는 방법은?

A 예를 들어, 사진 **b**의 치즈는 부르고뉴의 셰브르「마코네」인데, 왼쪽은 숙성이 덜 된 것, 오른쪽은 완전히 숙성시킨 것이다. 이렇게나 곰팡이가 붙어 있으면 익숙하지 않은 사람은 가슴이 철렁하는 느낌을 가질지도 모르겠다. 하지만 구매 시점에서 붙어 있는 곰팡이는 전혀 문제없다. 한편, 사진 **c**의 치즈는 일반 가정의 냉장고에 넣어둔 동안에 다른 곰팡이가 살짝 생긴 것이다. 이 정도라면 먹어도 몸에 해가 되지는 않겠지만 풍미를 떨어뜨리므로 사진 **d**처럼 치즈 나이프의 끝으로 곰팡이가 핀 부분을 도려낸다. 곰팡이를 제거했는데도 좋지 않은 곰팡이 풍미가 느껴진다면 버리지 말고 빵에 얹어서 굽는 타르틴 등 가열조리를 해보자.

On ne gaspille pas!

Q 어중간하게 남은 치즈의 활용법은?

A 거듭 말하지만 맛이 가장 좋을 때 다 먹고 남기지 않는 것이 좋다. 물론 아껴 먹고 싶은 마음은 충분히 이해를 하지만. 치즈나 유명 브랜드의 초콜릿 등, 약간 특이하고 귀한 것은 나도 모르게 아끼게 된다. 그러다가 품질을 악화시키기 쉽다. 우리 부모님이 사케를 몇날며칠에 걸쳐 아끼면서 마시는 것과 같을 것이다. 단단한 하드타입의 치즈는 갈아서 드레싱에 섞어서 샐러드에 뿌려 보자. 아주 조금 남았다면 파스타 소스나 감자 퓌레에 섞어도 좋다.

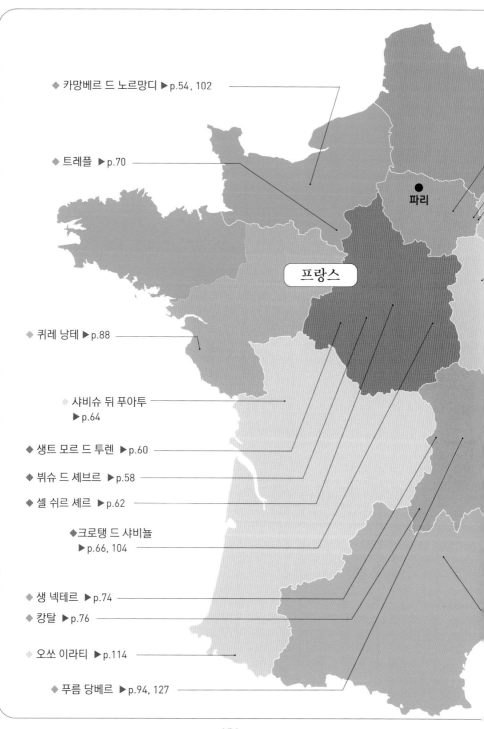

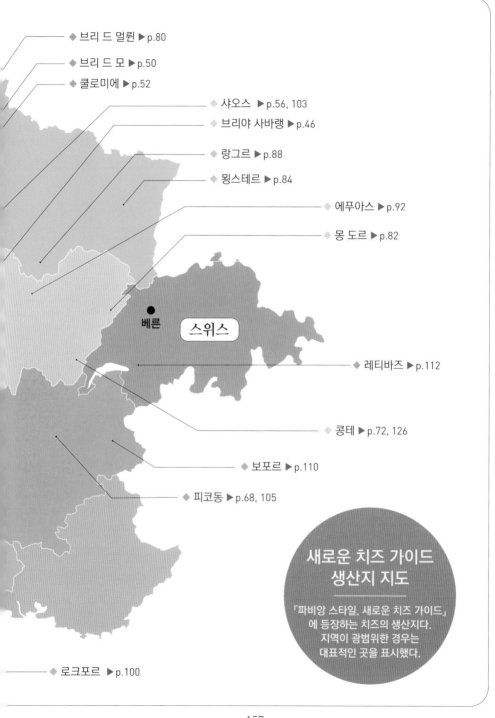

◆ 브리 드 멀룅 ▶ p.80

◆ 브리 드 모 ▶ p.50

◆ 쿨로미에 ▶ p.52

◆ 샤오스 ▶ p.56, 103

◆ 브리야 사바랭 ▶ p.46

◆ 랑그르 ▶ p.88

◆ 뮝스테르 ▶ p.84

◆ 에푸아스 ▶ p.92

◆ 몽 도르 ▶ p.82

● 베른

스위스

◆ 레티바즈 ▶ p.112

◆ 콩테 ▶ p.72, 126

◆ 보포르 ▶ p.110

◆ 피코동 ▶ p.68, 105

새로운 치즈 가이드
생산지 지도

『파비앙 스타일, 새로운 치즈 가이드』
에 등장하는 치즈의 생산지다.
지역이 광범위한 경우는
대표적인 곳을 표시했다.

◆ 로크포르 ▶ p.100

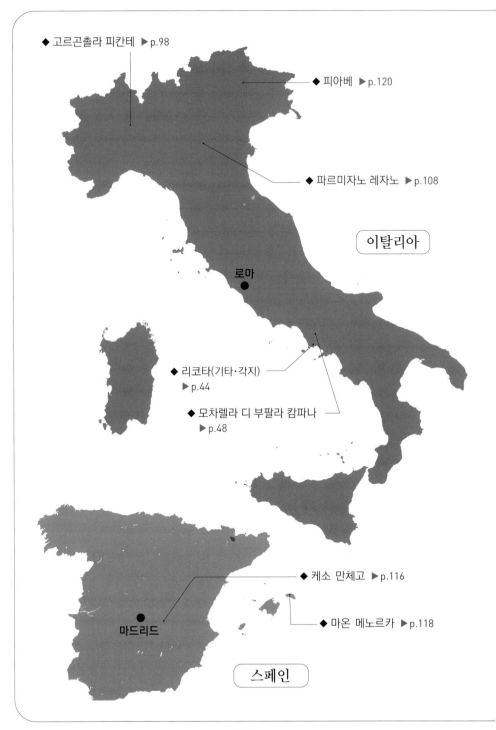

◆ 고르곤촐라 피칸테 ▶p.98

◆ 피아베 ▶p.120

◆ 파르미자노 레자노 ▶p.108

이탈리아

로마
●

◆ 리코타(기타·각지)
▶p.44

◆ 모차렐라 디 부팔라 캄파나
▶p.48

◆ 케소 만체고 ▶p.116

◆ 마온 메노르카 ▶p.118

마드리드
●

스페인

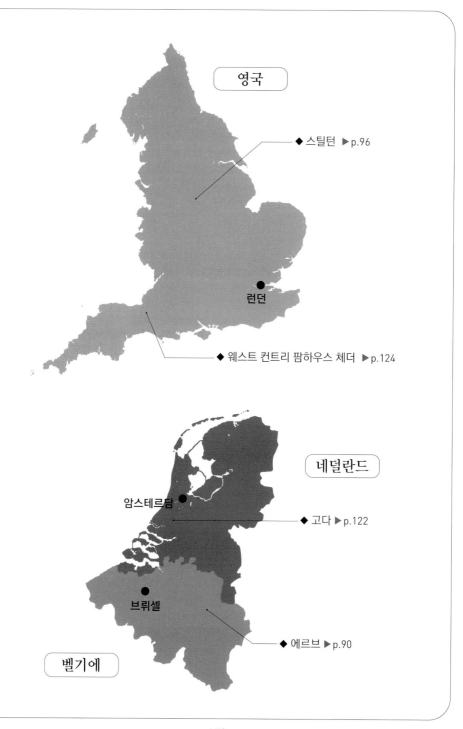

영국

◆ 스틸턴 ▶p.96

런던

◆ 웨스트 컨트리 팜하우스 체더 ▶p.124

네덜란드

암스테르담

◆ 고다 ▶p.122

브뤼셀

◆ 에르브 ▶p.90

벨기에

저자 파비앙 드구레 Fabien DEGOULET_ Best cheesemonger in the world 2015

1984년 8월 10일 프랑스 르망에서 태어났고, 치즈에 대한 관심은 치즈판매업을 하셨던 할아버지 덕분에 발전했다. 그의 어머니는 치즈로 맛있는 음식과 요리를 그에게 해주셨다. 파리의 INALCO에서 공부했으며 일본어 및 국제경제 학위를 받았다. 2008년 일본 도쿄의 유명한 페르미에(Fermier Co)에서 치즈판매자로 근무하면서 그의 경력이 시작되었다. 그곳에서 관리자 및 연구개발 책임자로 빠르게 발전했으며, 그의 열정과 페어링 감각으로 치즈 클래스마스터, 아피뇌르, 와인과 사케 전문가가 되었다. 2015년 그는 best cheesemonger in the world contest에서 우승했다. 일본에서 10년간 근무한 후 프랑스로 돌아와 콩테 치즈 전문 Marcel Petite Co에서 근무한 후 치즈 컨설팅, 교육 및 이벤트를 전문으로 하는 회사를 열었다.

2012_ Chevalier du Taste Fromage   2013_ Chevalier of Saint-Maure de Touraine
2016_ Maitre Fromager(Cheese Master) of the Guilde Internationale des Fromagers
2017_ Chevalier of Picodon   2019_ Chevalier of Bleu de Gex
www.fabiendegoulet.com   @cheeseyourlife

감수 혼마 루미코 Rumiko Honma

니가타현 사도 출생. 1년간 미국 유학 당시 내추럴치즈를 접하면서 귀국 후 치즈전문 수입상사「체스코 주식회사」에 근무. 퇴직 후 유럽을 돌다가 1986년 3월「주식회사 페르미에」를 설립. 프랑스 님 또는 카오르에서 개최된 농가제 셰브르치즈 콩쿠르의 심사위원을 거쳐, 1997년 파리에서 열린 국제농업견본시의 프랑스 농수성이 주최한 콩쿠르에서 치즈부분 심사위원을 일본인 최초로 역임. 1999년 프랑스 정부로부터 농사공로장 슈발리에 수상. 치즈에 관한 정보를 얻기 위해 생산자를 찾아다니면서 세계 곳곳의 치즈 관계자와 교류를 맺어 왔다. 치즈문화 전도사로 강연과 집필 활동을 하고 있다.

번역 고정아

국립 도쿄외국어대학교에서 일본어학을 전공. 여러 기업체의 통번역 업무와 더불어 바른번역 소속 전문번역가로 활동 중. 지금까지 60권 이상의 단행본을 우리말로 옮겼으며, 역서로는『향신료의 모든 것』,『캠핑 바비큐』,『더치오븐 퍼펙트북』,『야채퓌레 야채수프 건강법』등이 있다.

프로마제가 알려주는 치즈를 맛있게 즐기는 방법

펴낸이	유재영	글쓴이	파비앙 드구레	기획·편집	이화진
펴낸곳	그린쿡	옮긴이	고정아	디자인	임수미

1판 1쇄 2020년 2월 10일

출판등록 1987년 11월 27일 제 10-149
주소 04083 서울 마포구 토정로 53(합정동)
전화 02-324-6130, 324-6131 | 팩스 02-324-6135 | E-메일 dhsbook@hanmail.net
홈페이지 www.donghaksa.co.kr / www.green-home.co.kr | 페이스북 www.facebook.com/greenhomecook

ISBN 978-89-7190-696-5 13590

- 이 책은 실로 꿰맨 사철제본으로 튼튼합니다.
- 파본 등의 이유로 반송이 필요할 경우에는 구매처에서 교환하시고,
  출판사 교환이 필요할 경우에는 위의 주소로 반송 사유를 적어 도서와 함께 보내주세요.